생활이 프렌즈와
함께하는

생활 안전

LIFE SAFETY AND HEALTH ASSOCIATION
(사)생활안전보건연합

한울

머리말

우리는 안전한가요?

우리나라 안전사고는 각 분야별로 매년 급증하고 있으며, 인적·경제적 피해도 잇따라 증가하고 있습니다. 안전사고는 부주의가 가장 큰 원인으로 발생되고 있습니다. 부주의로 인한 안전사고 발생은 안전함에 익숙해져 사고 위험성에 별다른 자각을 갖지 못하여 발생하는 것입니다. 안전교육은 이러한 문제들을 해결하여 안전문화 인식도를 높여 예방할 수 있습니다. 이에 본 교재는 안전사고의 한 부분인 생활 속 안전사고 문제 해결에 도움이 되고자 개발하게 되었습니다.

본 교재 내용에는 1장 교통안전은 법규와 관련된 교육의 필요성, 2장 팀소생술은 가슴압박 소생술 및 심장충격기 사용법, 3장 응급처치는 응급처치의 정의와 방법, 4장 소방안전은 화재 대피요령과 소화기 사용법, 총 4장으로 서술하였습니다. 각 파트별로 이론적인 내용보단 일반인이 쉽게 이해할 수 있도록 그림 위주로 구성하였습니다. 많은 분들이 이 교재를 통하여 생활 속 안전사고의 중요성을 인식하고 예방하는데 도움이 되었으면 합니다.

좋은 인연으로 만나 본 교재의 편집을 위하여 도움주신 사단법인 생활안전보건연합 최규철, 정은영, 김황림, 손주봉, 박홍철, 허솔 교육위원님들께도 진심으로 감사드립니다. 세심하게 살펴봐주시고 감수해주신 정유진 교수님, 조용수 교수님, 박명호 반장님, 하영미 교수님 감사드립니다.

마지막으로 생활안전지도사 교재의 마침표를 찍을 수 있도록 끝까지 이끌어주신 박상욱 교육위원장님께 감사의 말씀을 올립니다.

대한민국이 안전하고 건강한 지역사회가 되는 그날까지!!!

2020년 4월

행정안전부 비영리법인 제2018-31호

사단법인 생활안전보건연합 대표 허방글

Contents

Chapter 1

Chapter 2

Chapter 3

Chapter 4

1
Chapter

생활안전
(교통편)

1. 안전사고
2. 교통사고
3. 스마트 모빌리티
4. 자전거

1 안전사고

1) 안전이란?

안전이란 사고를 미연에 예방하고 개인적 피해나 사고로 인해 재산적 손실이 없도록 하는 것이다. 즉 예기치 않은 사고로부터 신체적으로나 정신적인 손상 없이 안정적으로 유지하는 상태를 의미한다.

2) 안전사고란?

위험이 발생할 수 있는 장소에서 안전교육의 미비, 안전 수칙 위반, 부주의 등으로 발생하는 사람 또는 재산 피해를 주는 사고를 의미한다.

출처 : 국토교통부

3) 안전사고 발생원인(하인리히의 법칙)

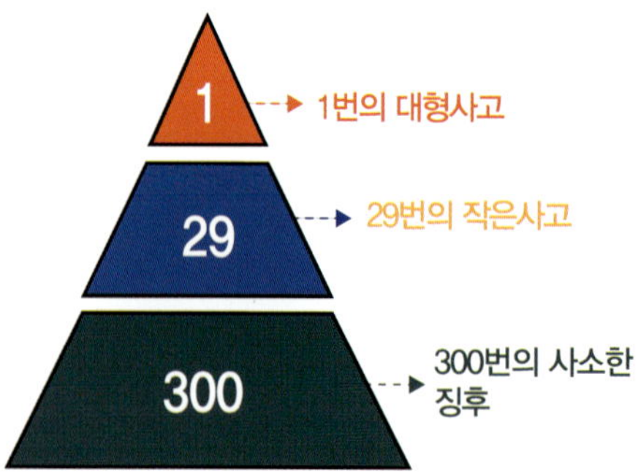

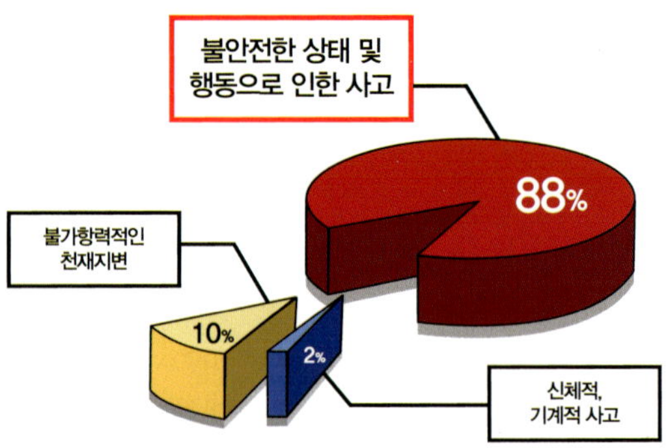

1:29:300 법칙에 의하면 큰 사고는 우연히 또는 어느 순간 갑작스럽게 발생하는 것이 아니라 그 이전에 반드시 경미한 사고들이 반복되는 과정 속에서 발생한다고 정의하고 있다. 결국 큰 안전사고는 사소한 것들을 방치하는 안전불감증으로 인해 발생한다고 볼 수 있다.

4) 분야별 안전사고 현황

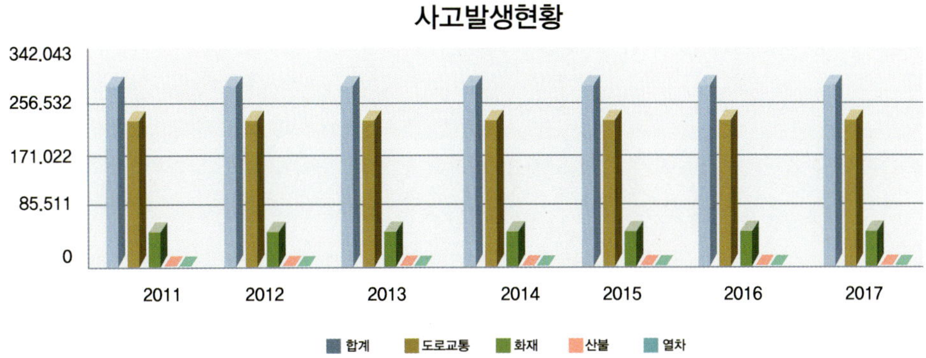

출처 : 경찰청

총 안전사고 발생 건수는 2011년 286,851건에서 2017년 291,285건으로 증가 했다. 특히 다양한 사고 유형 중 2011년 이후 부동의 1위를 차지하고 있는 것은 교통사고이다. 그러므로 교통에 관한 안전 사고의 중요성 및 생활 안전수칙에 대한 교육이 필요하다.

5) 안전 교육의 필요성

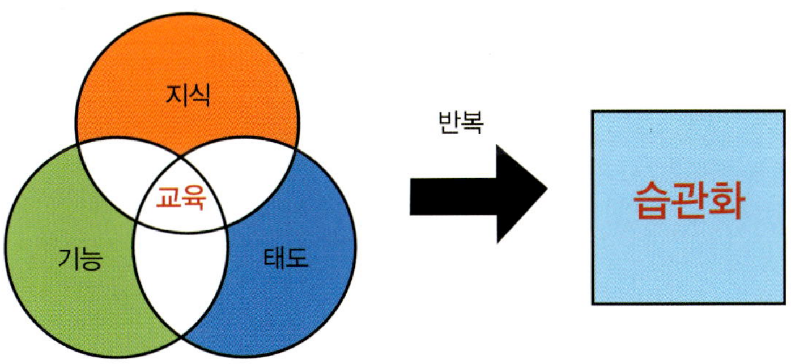

안전 교육이란 안전하고자 하는 인간의 기본 심리를 바탕으로 사고의 가능성과 위험을 제거할 목적으로 인간의 행동변화와 물리적 환경에서 발생한 상황 또는 상태를 나와 타인에게 위험을 줄 수 있는 요건에 대한 적극적으로 대처하는 방법을 익히는 것이다.

따라서 안전교육에 대한 지식, 태도, 기능적인 면을 향상시켜 일상생활에서 생활안전 수행도가 자연스럽게 이루어질 수 있도록 습관화하기 위해서는 안전교육이 절대적으로 필요하다.

2 교통사고

1) 교통사고 발생현황

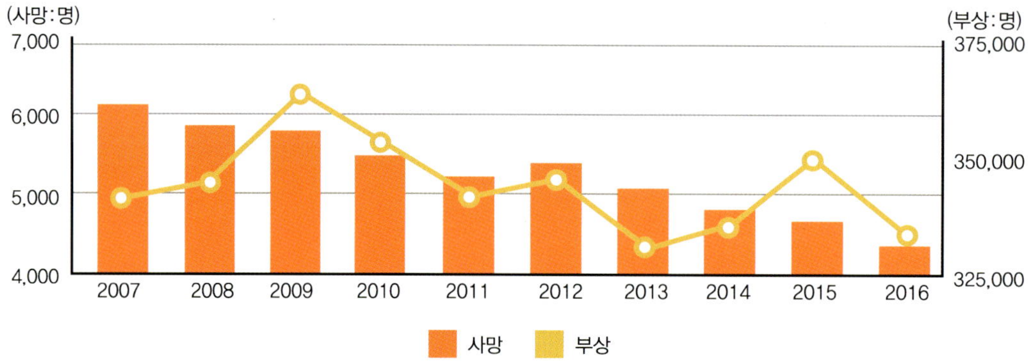

경제발전의 가속화에 따라 자동차 사용이 급격하게 증가하고 있고, 자동차로 인한 빈번한 교통사고가 심각한 사회문제로 대두되고 있다. 2016년 교통사고 현황에서도 보면 알 수 있듯이 사고 220,917건, 사망 4,292명, 부상 331,720명 으로 많은 인적 피해를 수반하고 있다. 이러한 교통사고로 인한 사망과 부상자 수 감소에도 불구하고, 한국은 OECD 다른 국가들에 비해 교통사고로 인한 사망률은 하위권에 머물고 있다. 그러므로 교통사고 대하여 심각성을 알려줄 필요성이 있다.

출처 : 경찰청

2) 교통사고의 원인

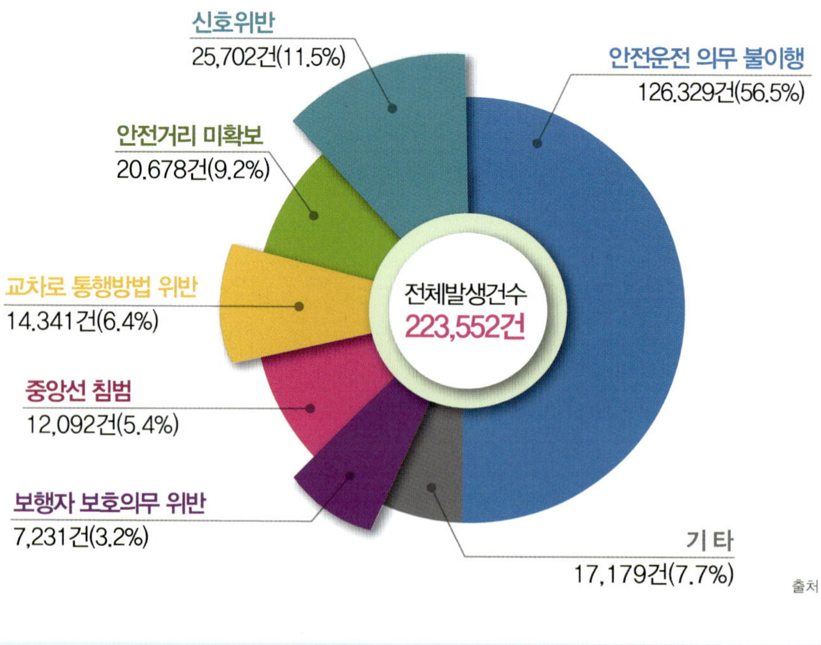

출처 : 도로교통공단

운전자들이 안전운전 의무를 이행할 수 있는 교육과 홍보가 지속적으로 이루어져야 한다.

3) 교통안전 교육의 필요성

교통안전 교육

왜 필요할까요?

교통안전 교육을 통해 교통안전에 대한
올바른 지식과 태도를 확립시킴으로써
자신의 안전 뿐 아니라
타인의 안전까지 예방할 수 있다.

4) 교통사고 예방법

(1) 보행자 교통사고 예방을 위한 안전 수칙

(2) 교통사고 예방을 위한 안전수칙

규정속도 준수로 과속하지 않기

음주운전 절대 하지 않기

출발 전 안전띠 매는 습관 들이기

무단횡단 하지 않기

(3) 2차 교통사고 예방을 위한 안전 수칙

교통사고 발생

비상등 켜기

차량 갓길 등 안전한 곳으로 이동

차량 후방 안전삼각대
및 불꽃신호기 설치

탑승자 가드레일
밖으로 대피

112(경찰), 119(소방)
1588-2504(긴급견인)신고

출처 : 교통안전공단

5) 개정된 도로교통법

(1) 안전띠 착용 의무화

① 2018년 9월 28일부터 '전 좌석 안전띠 의무화'가 시행된다.

② 시내버스나 마을버스를 제외한 대부분의 차량 내 탑승자 전원이 안전띠를 매도록 규정이 변경된다.

③ 어길 경우 과태료 3만원이 부과되며, 13세 미만 어린이가 안전띠를 매지 않은 경우 과태료 6만원이 부과된다.

(2) 자전거 음주운전 처벌 강화

① 자전거 도로교통법상 '차'로 분류되므로, 음주 운전 사고를 내면 형사처벌을 받는다.

② 음주 측정 시 혈중 알코올 농도가 0.05% 이상인 경우 3만원의 범칙금이 부과되며, 음주 측정 불응 시에는 10만원의 범칙금이 부과된다.

(3) 고령 운전자 적성검사 기간 변경

① 2019년부터는 75세 이상의 경우 면허 적성검사 기간을 5년에서 3년으로 단축된다.

② 면허 취득할 때나 적성검사 기간에 고령운전자 맞춤형 교통안전 교육은 의무이다.

3 스마트 모빌리티

1) 스마트 모빌리티란?

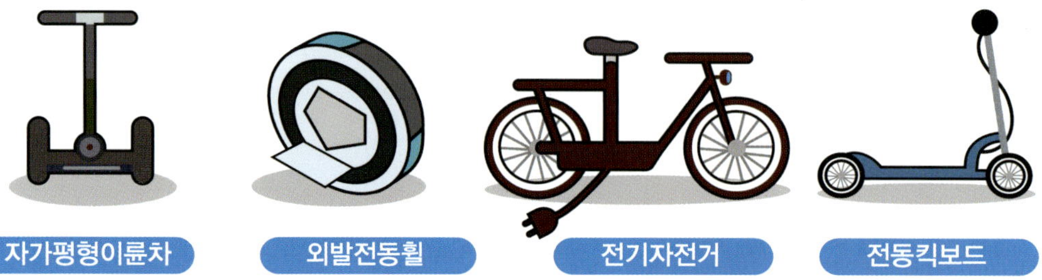

스마트 모빌리티는 전동 스쿠터나 보드처럼 전기를 이용해 움직이는 간편한 1인용 운송수단을 말한다. 자동차 구매 및 유지 비용이 부담스럽거나 대중교통을 이용하는 것이 힘든 대리기사, 직장인, 청소년, 아이들에게 차세대 이동수단으로 자리잡고 있다. 2016년 6만대 가량이던 시장 규모는 2022년 20~30만대 수준에 도달할 것으로 예상된다.

2) 스마트 모빌리티 안전규정

국내에는 스마트 퍼스널 모빌리티에 대한 안전규정이 통과된 법률이 없다. 현재 도로교통법상 스마트 퍼스널 모빌리티는 '원동기장치 자전거' 로 분류되어 있다. 원동기장치 자전거에 관한 규정을 살펴보면 다음과 같다.

(1) 16세 이상으로 원동기장치 자전거 운전면허 혹은 다른 운전면허가 필요하다.
(2) 인도와 자전거도로, 공원 등에서의 주행은 금지되며, 보도와 차도가 구분된 차도 혹은 차로가 여러 개인 경우 가장 오른쪽 차도에서만 주행이 가능하다.

3) 스마트 모빌리티 문제점

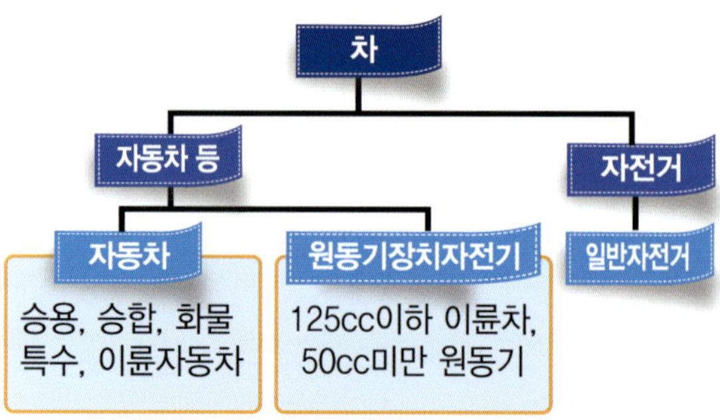

현행 도로교통법상 분류체계

(1) 법의 적용 한계

현재 교통 환경 및 법제는 자동차 · 자전거 · 보행자 정도로 구분되어 있어 전동킥보드 등 새로운 교통수단에 적합한 정책이 필요하다.

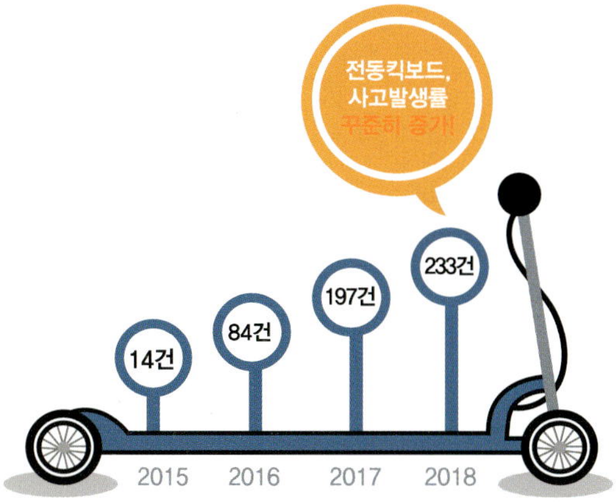

출처 : 한국소비자원(2018년)

(2) 안전 관리와 안전 교육 미흡으로 인한 사고가 급증하고 있다.

4) 스마트 모빌리티 안전하게 타기

(1) 제한 속도 및 무게 지키기

(2) 안전모 및 보호구 착용 필수하기

(3) 자동차 도로에서만 타기

(4) 운전 중 휴대전화 사용금지

4 자전거

1) 자전거 교통사고

자전거 교통사고 10년 새 70% 급증(단위=건)

도로교통공단에 따르면 2016년 발생한 자전거 교통사고는 1만4937건으로 10년 전인 2007년(8721건) 대비 71.2% 급증하였다. 같은 기간 자전거 사고 사망자는 304명에서 258명으로 소폭 감소했지만 부상자는 8867명에서 1만5360명으로 증가하였다.

출처 : 도로교통공단

2) 자전거 교통사고 시 가장 위험한 부위

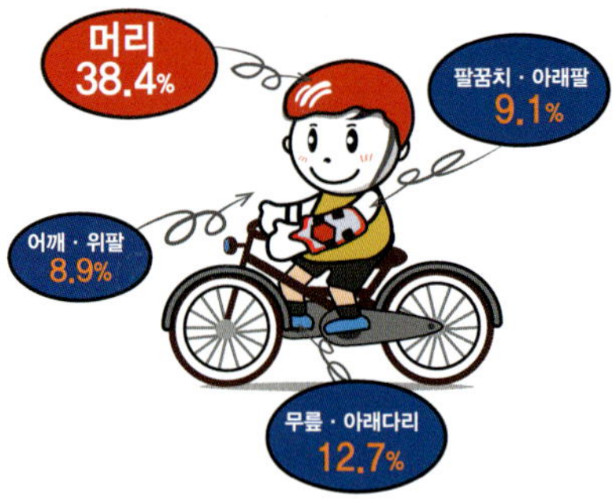

자전거 사고로 인한 응급실 내원 환자의 손상발생 부위 중 가장 높은 비율은 머리 부분이다. 특히 9세 이하의 어린이는 20~59세 성인에 비해 머리 손상 발생 위험이 50% 더 높다.

출처 : 국립중앙의료원(2017년)

3) 자전거 교통사고 안전모 착용률

9세 이하 어린이의 안전모 착용률

60세 이상 고령자의 안전모 착용률

자전거 사고로 인한 응급실 내원 환자 중 자전거 안전모 착용률을 조사한 자료에 의하면 9세 이하 어린이와 60세 이상 고령자에서 낮은 착용률을 보였다. 자전거 안전모 착용은 선택이 아닌 필수임을 인식시키고 생활화도록 교육을 실시한다.

출처 : 국립중앙의료원(2017년)

4) 안전모 착용 시 안전율

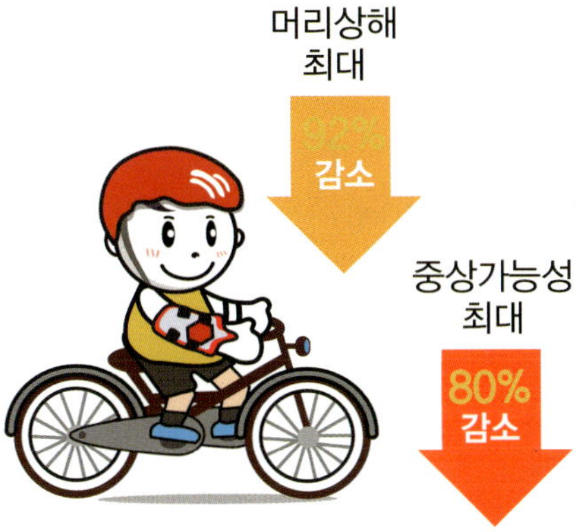

자전거 탈 때 안전모를 착용하면 머리 상해치를 최대 92% 감소시킬 수 있다. 특히 안전모 착용 시 중상 가능성은 최대 80% 까지 감소시킬 수 있다.

출처 : 한국교통안전공단 실험결과(2017년)

5) 자전거 교통사고 예방법

(1) 주행 전 자전거 안전점검

(2) 자전거 수신호 바로알기

① 오른쪽으로 진행한다.
(오른쪽으로 방향 전환을 할 때)

② 왼쪽으로 진행한다.
(왼쪽으로 방향 전환을 할 때)

③ 정지한다.
(전방에 상황 발생시나 곧 정지 하려고 할 때)

④ 노면을 조심한다.
(도로에 장애물이나 움푹 파인 부분이 있어 피해가야 할 때)

⑤ 서행한다.

⑥ 한줄로 진행한다.

⑦ 두줄로 진행한다.

⑧ 붙어서 진행한다.
(드레프팅 등 앞 뒤 간격을 좁혀 진행할 때)

6) 자전거 관련 법규 준수

(1) 자전거 음주운전 단속 • 처벌

술에 취한 상태로 자전거를 운전하는 경우 20만원 이하의 벌금이나 구규 또는 과료에 처한다.

(2) 안전모 착용의무 부과

자전거 도로 및 (도로법)에 따른 도로를 운전할 때에는 자전거 운전자 및 동승자는 반드시 안전모를 착용해야 된다.

(3) 전기자전거의 보도통행 금지

원동기를 끄지 않고 전기자전거를 운행하는 노인이나 신체 장애인이 운전하는 경우에도 보도통행을 해서는 안된다. (4만원 과태료 부과)

7) 자전거 안전 5대 수칙

(1) 안전모를 반드시 착용하기

(2) 야간에는 라이트 켜기

(3) 휴대전화, 이어폰을 사용하지 않기

(4) 과속하지 않기

(5) 음주운전 하지 않기

Chapter 01

알쏭달쏭 퀴즈

01 교통사고가 발생해 운전석에 40대로 보이는 여성이 얼굴에 피를 흘리며 힘들어 하고 있습니다. 이 상황에서 어떤 행동이 환자에게 가장 도움이 될까요?

① 119에 신고하고 기다린다.
② 119에 신고하고 여성 환자를 밖으로 옮긴다.
③ 여성 환자을 밖으로 옮긴 후 119에 신고한다.
④ "다른 사람이 도와 주겠지"하는 생각으로 그냥 간다.

02 짙은 안개로 인해 고속도로에서 다중 추돌사고가 발생하였습니다. 이 상황에서 당신의 행동으로 옳은 것은 무엇일까요?

① 차량 안에서 119에 신고 후 기다리고 있는다.
② 차량 밖으로 나와 갓길로 대피한 후 119에 신고한다.
③ 차량 밖으로 나와 안전 삼각대를 설치하고 119에 신고한다.
④ 차량 안에서 119에 신고 후 갓길로 대피한다.

2
Chapter

팀소생술

1. 급성 심장정지
2. 심폐소생술
3. 자동심장충격기

1 급성 심장정지

1) 급성 심장정지란?

급성 심장정지는 혈액을 순환시키는 심장기능이 갑자기 정지되어 신체기능이 정상적으로 작동하지 않는 상태로 즉시 치료되지 않으면 사망에 이르게 되는 질환이다.

2) 급성 심장정지의 원인

급성 심장정지는 다양한 원인에 의해서 발생한다. 성인 급성 심장정지의 대부분은 심장 자체의 원인에 의해서 발생하며 이 중 60~85%가 급성 심근경색증에 의해 일어난다. 그러나 소아에서 급성 심장정지의 대부분은 성인의 급성 심장정지 원인과 다르게 호흡 정지에 의해 발생한다.

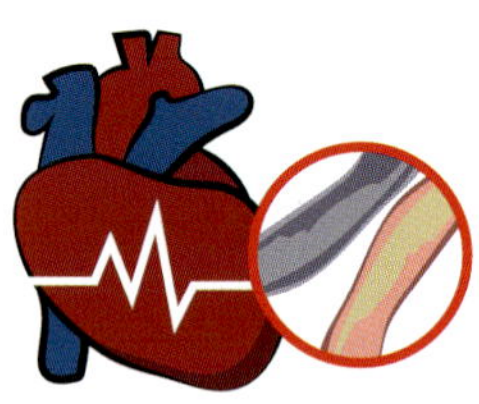

급성 심근경색증

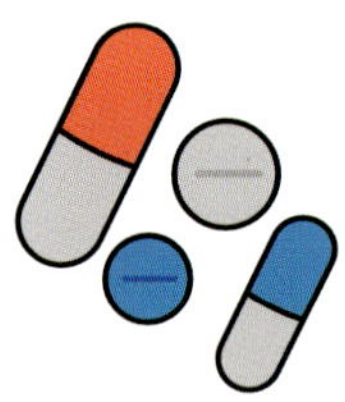

약물중독

익수사고

알레르기반응

감전사고

질 식

외 상

편측마비

3) 급성 심장정지 발생률 및 생존율

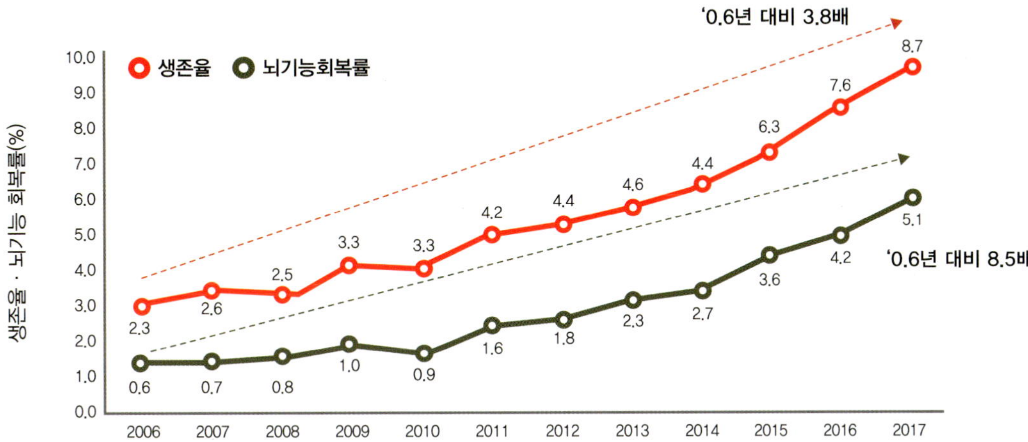

출처 : 제7차 급성심장정지 조사 심포지엄

4) 급성 심장정지 발생장소

심정지 발생장소 80% 정도가

가정과 공공장소

출처 : 질병관리본부(2018)

5) 급성 심장정지 시간의 중요성

급성 심장정지 발생 후 1분 이내 심폐 소생술을 시행 하면 환자의 생존 가능성은 97%까지 높아진다.

4분 이내에 심폐소생술과 심장충격기를 함께 시행 하면 생존율을 3배 이상 높일 수 있다.

6) 목격자 심폐소생술 시행률

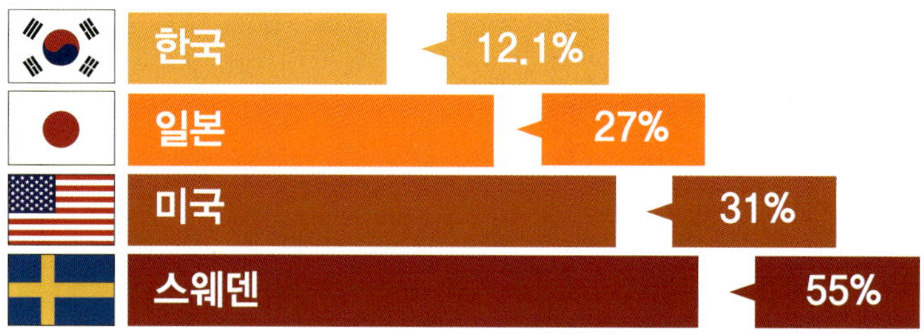

출처 : 질병관리본부(2018)

7) 목격자 심폐소생술의 중요성

급성 심장정지 환자에게 심폐소생술을 시행 했을 때 결과에 가장 큰 영향을 미치는 요소는 심정지 발생 후 첫 1~3분 안에 얼마나 빨리, 얼마나 고품질의 심폐소생술이 환자에게 제공 되는가에 달려 있다. 목격자 심폐소생술이 빠르게 시행되면 분당 3~4% 정도로 생존 가능성이 높아진다.

2 심폐소생술

1) 심폐소생술이란?

정지된 심장을 대신해 심장과 뇌에
산소가 포함된 혈액을 공급해주는 아주 중요한
응급처치를 말한다.

가슴압박 30회

인공호흡 2회

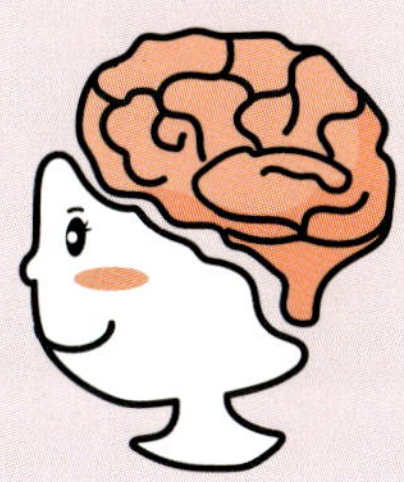

심정지 시간과 예후

10분

2) 가슴압박 소생술이란?

- 가슴압박 소생술은 가슴압박과 인공호흡을 함께 하는 심폐소생술과 달리 인공호흡은 하지 않고 가슴 압박만을 시행하는 심폐소생술이다. 심장성 급성 심장 정지와 같이 저산소증이 없는 상태에서 갑자기 심정지가 발생하면, 심정지의 발생 초기에는 혈중의 산소농도가 급격히 감소하지 않고 수 분간 유지된다.

- 또한 가슴압박 소생술은 인공호흡을 하지 않고 지속적으로 가슴압박만 시행하기 때문에 가슴압박의 중단을 최소화함으로써 심장의 혈액 공급을 지속적으로 유지하는 것이 가능하다. 따라서 심정지의 초기에는 인공호흡이 반드시 필요하지 않을 수 있다.

3) 가슴압박 소생술 과학적 근거

가슴압박만 실시

가슴압박 30회 : 인공호흡 2회

2015년 심폐소생술 가이드라인에서는 "일반인에게 가슴압박 소생술만 실시"하도록 권고하고 있다. 이유는 가슴압박이 지연되면 오히려 소생률이 저하돼 소중한 생명을 잃을 위험이 있기 때문에 신속히 가슴압박 소생술을 시작하는 것이 더 중요하다.

동물실험에서는 가슴압박만으로 가슴압박과 인공호흡을 병행한 것과 같은 소생률을 보인다는 근거가 확보됐으며, 인체대상으로는 NEJM 2000;342:1546-1553에서 심정지 후 가슴압박 소생술만 시행한 군과 가슴압박+인공호흡을 같이 시행한 군이 생존 퇴원율에 차이가 없었다는 사실이 최초로 밝혀졌다. 이후 일련의 연구들이 비슷한 결과를 보이면서 미국, 유럽에서는 'hands only CPR'이란 명칭으로 알려지게 됐고, 2015년 가이드라인에 공식 반영되었다.

4) 가슴압박 소생술 순서

(1) 깨우고

① 현장 안전을 확인한다.
② 양쪽 어깨를 가볍게 두드리며 “괜찮으세요?” 라고 소리쳐서 반응을 확인한다.

(2) 알리고

① 반응이 없으면 즉시 119에 신고한다.
② 119 신고 시 응급의료전화상담원이 전화로 알려주는 내용을 효율적으로 시행하기 위해 영상통화로 전환한다.

(3) 확인하고

① 호흡을 확인한다.
② 호흡확인은 얼굴, 가슴, 배 순으로 5~10초 이내로 한다.

(4) 누르고

① 위치 : 가슴뼈 아래쪽 절반
② 깊이 : 약 5cm
③ 속도 : 분당 100 ~ 120회
④ 가슴압박은 119구급대 도착 전까지 시행하거나 환자가 움직임을 보이기 전까지는 멈추지 않고 지속적으로 시행한다.

5) 가슴압박 정확한 위치

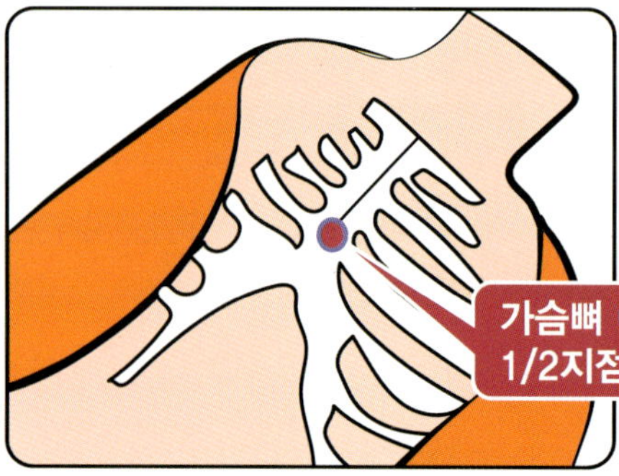

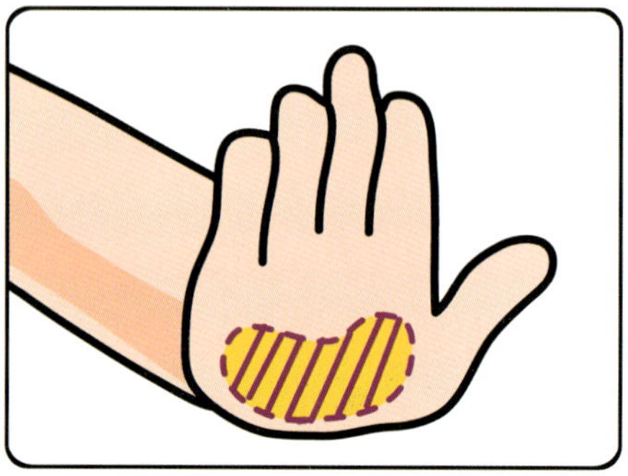

심정지 환자의 가슴뼈를 확인한 뒤 구조자의 양손을 가슴뼈 아래쪽 절반 부위의 중앙에 위치한다.

6) 가슴압박 자세

구조자는 한 쪽 손바닥을 가슴뼈의 압박 위치에 대고 그 위에 다른 손바닥을 평행하게 겹쳐 두 손으로 압박한다. 손가락은 펴거나 깍지를 껴서, 손가락 끝이 가슴에 닿지 않도록 한다. 팔꿈치를 펴서 팔이 수직을 이룬 상태로 체중을 이용하여 압박한다.

7) 가슴압박에 의한 합병증

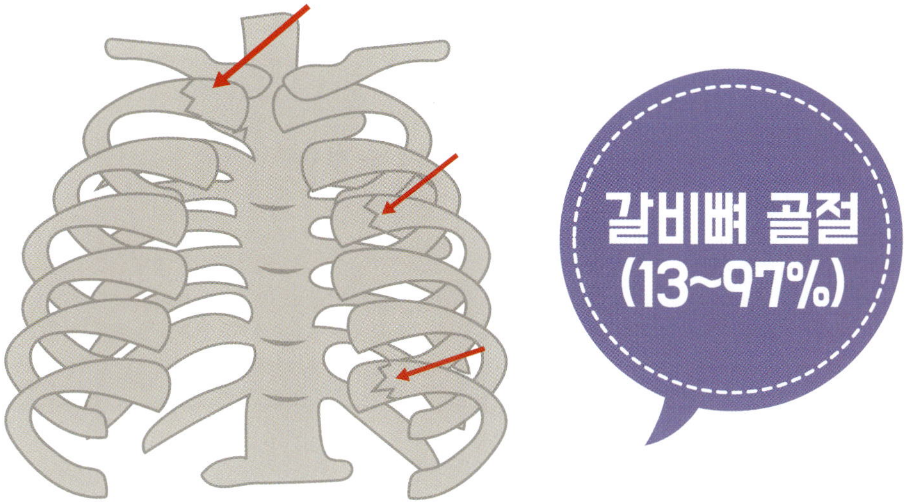

출처 : 질병관리본부

8) 선의의 응급의료에 대한 면책 (선한 사마리아인 조항)

생명이 위급한 응급환자에게 응급의료 또는 응급처치를 제공하여 발생한 재산상 손해와 사상에 대하여 고의 또는 중대한 과실이 없는 경우 그 행위자는 민사책임과 상해에 대한 형사책임을 지지 아니하며 사망에 대한 형사 책임은 감면한다.

3 자동심장충격기(제세동)

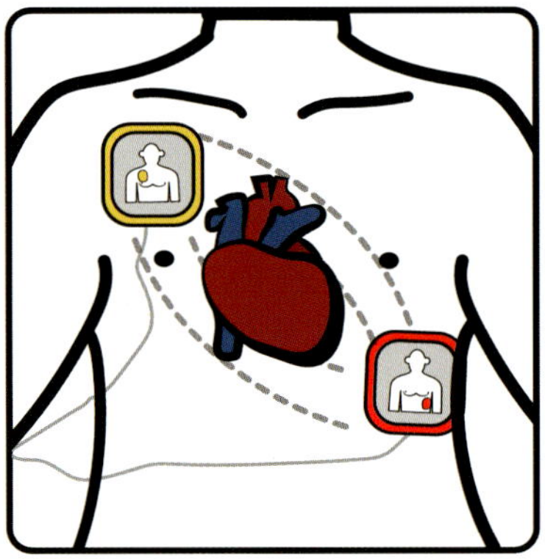

전기충격 처치

1) 심장 전기충격이란?

갑자기 발생하는 급성 심장정지의 대부분은 심실세동에 의해 유발되며, 심실세동의 가장 중요한 치료는 전기충격을 시행하는 것이다.

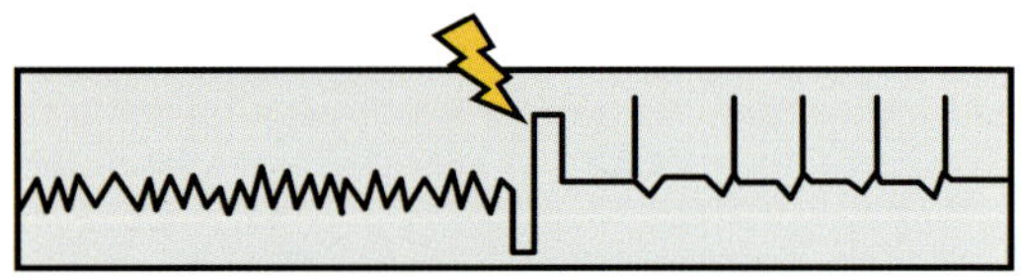

심실세동에 의한 심정지 환자 전기충격

2) 신속한 심장 전기충격의 중요성

시간 경과에 따른 전기충격의 성공률

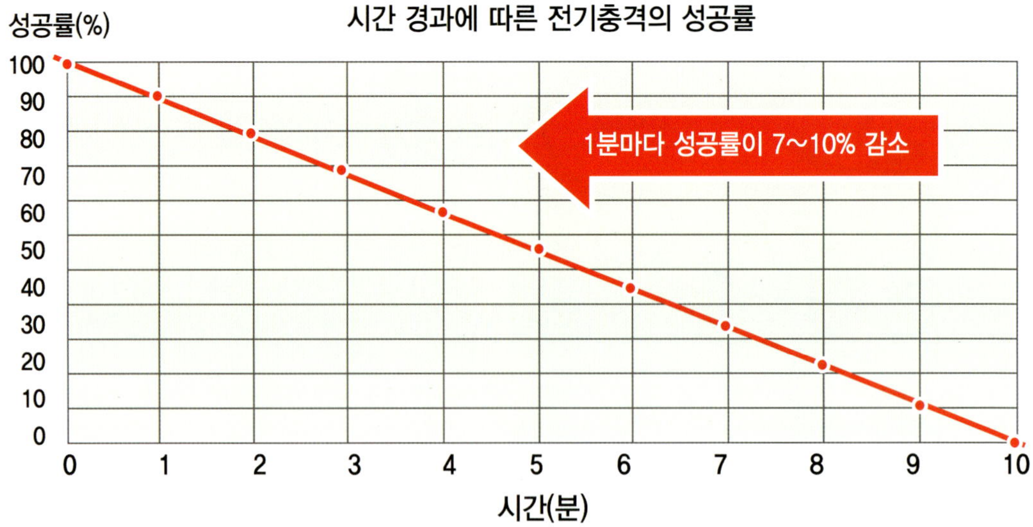

전기충격 성공률은 심실세동 발생 직후부터 1분 지연될 때마다 7–10%씩 감소한다고 알려져 있으므로 심정지 현장에서 신속하게 시행되어야 한다.

3) 제세동기 종류

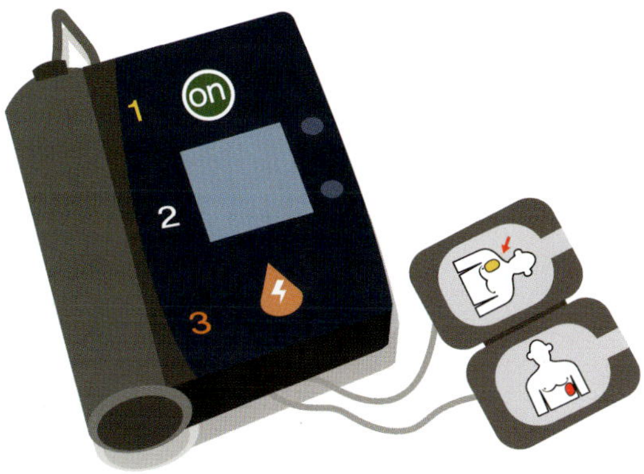

자동심장충격기

수동제세동기

제세동기의 종류는 의료인들이 사용하는 수동형 제세동기와 의료지식이 충분하지 않은 일반인이나 의료제공자들이 사용하는 자동 심장충격기로 구분할 수 있다.

4) 자동심장충격기 구조

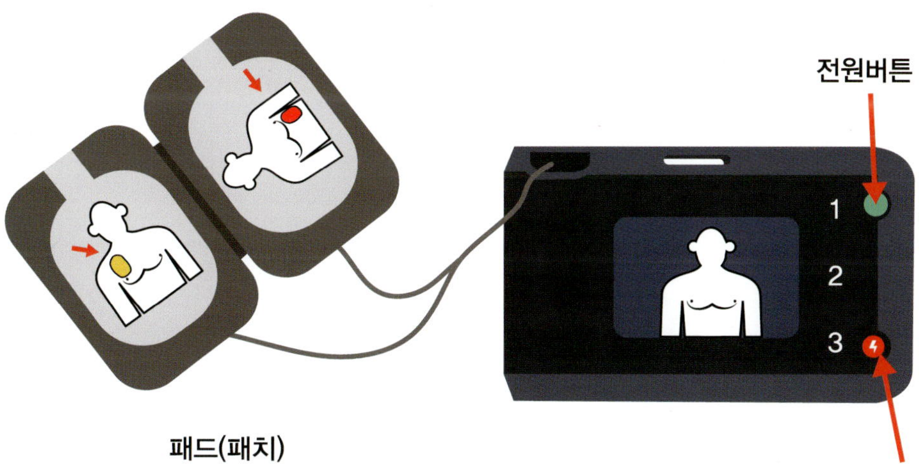

대부분의 자동심장충격기 기본 구조는 전원 버튼, 쇼크버튼, 패드(패치), 본체와 패드 연결 부위로 구성되어 있다. 최근에는 두 개의 패드가 자동심장충격기의 본체에 이미 연결된 형태의 자동심장충격기가 주로 보급되어 설치되고 있다.

5) 자동심장충격기 종류

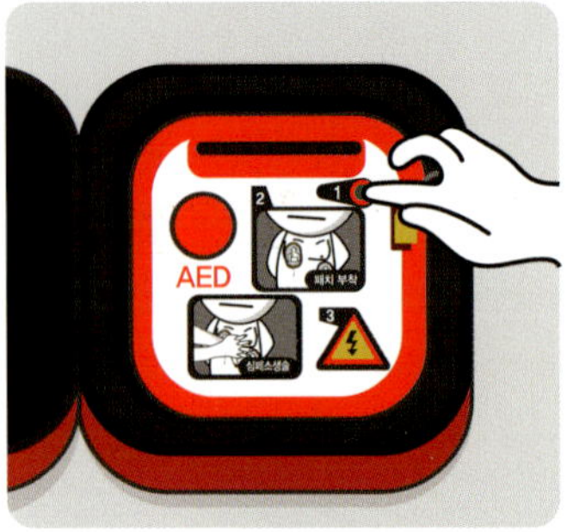

버튼형

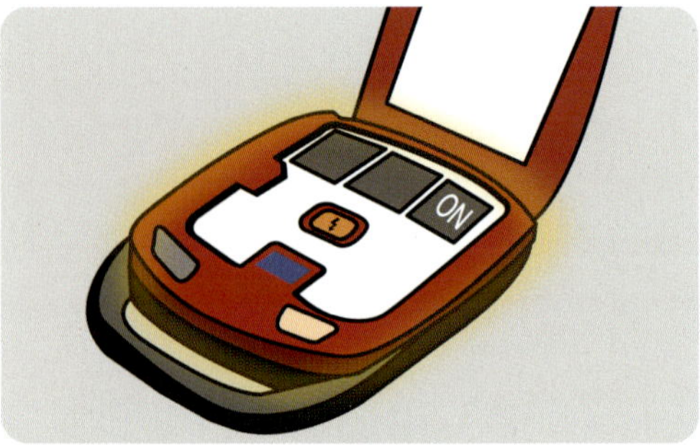

덮개형

자동심장충격기는 버튼을 누르면 전원이 켜지는 타입과 덮개를 열면 자동으로 전원이 켜지는 타입 두 종류로 나누어져 있다. 현재 우리나라에 보급되고 있는 대부분의 자동심장충격기는 전원버튼을 누른 후 음성지시에 따라 전기충격 시행 버튼까지 누르도록 안내하는 장비이다.

6) 자동심장충격기 설치 장소

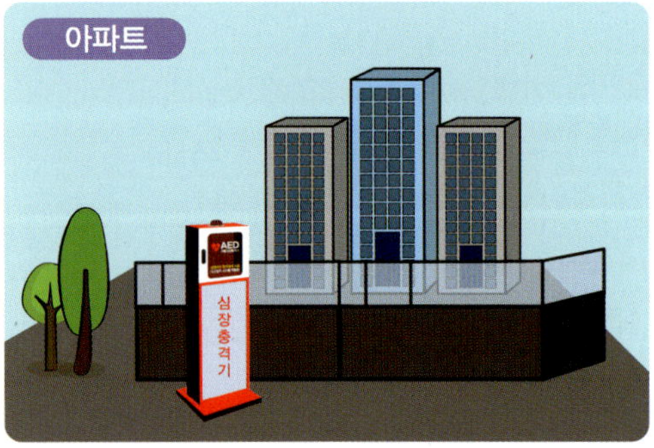

우리나라에서는 공공보건의료기관, 구급차, 항공기, 철도차량, 20톤 이상인 선박, 500세대 이상의 공동주택, 다중이용시설에는 자동심장충격기를 설치할 것을 법으로 규정하고 있다.

7) 자동심장충격기 사용법

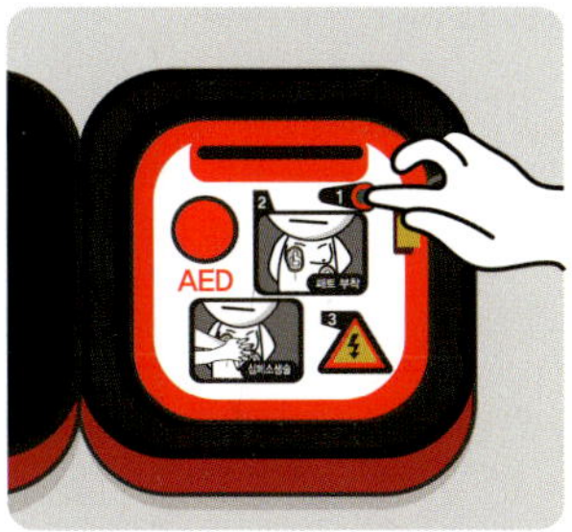

(1) 전원을 켠다.

① 심폐소생술에 방해가 되지 않는 위치에 둔다.

② 전원버튼을 누른다.

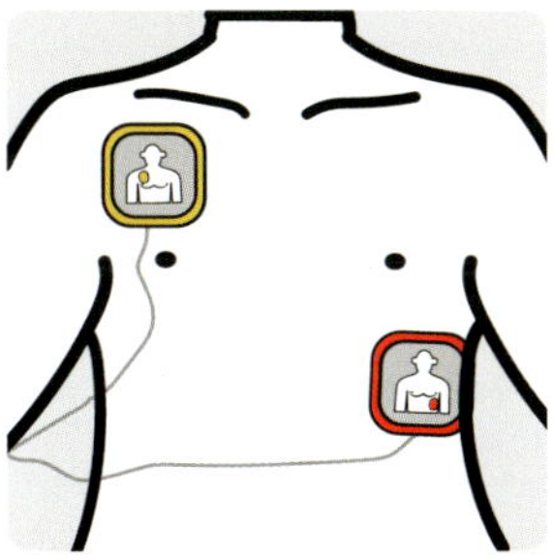

(2) 두 개의 패드를 부착한다.

① 한 패드: 오른쪽 빗장뼈 바로 아래에 부착한다.

② 다른 패드: 왼쪽 젖꼭지 아래의 겨드랑이선에 부착한다.

③ 패드 부착위치가 기억나지 않을땐 그림을 따라 붙인다.

(3) 심장리듬을 분석한다.

① "분석 중 접촉금지" 안내멘트를 듣고 가슴압박 구조자에게 전달한다.

② 구조자는 가슴압박을 중단한다.

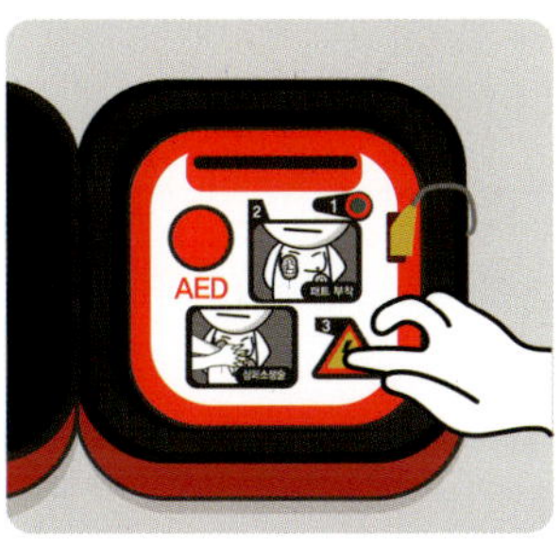

(4) 전기충격을 실시한다.

① "전기충격이 필요합니다. 모두 물러나세요." 안내멘트를 가슴압박 구조자에게 전달한다.

② 모두 물러났는지 확인 후 전기충격 버튼을 누른다.

③ 감전에 주의한다.

주의점 : 사용방법은 자동심장충격기의 종류 및 제세회사에 따라 약간의 차이가 있으나 기본적인 사용원칙은 같다. (안내 음성지시를 따른다)

8) 정확한 패드 부착 위치

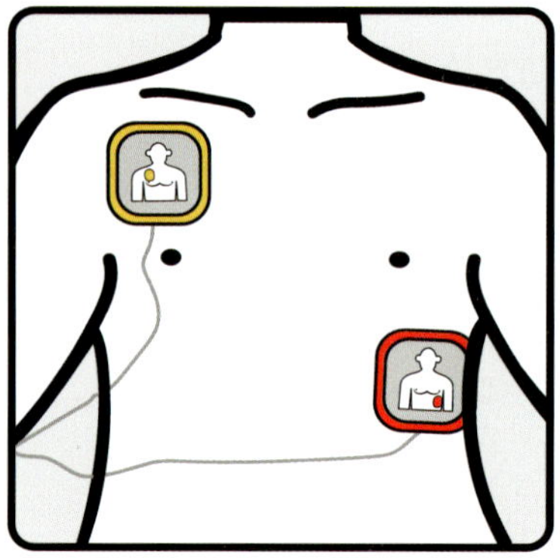

패드는 심장에 최대의 전류를 전달할 수 있는 위치에 부착되어야 한다. 한 패드를 오른쪽 빗장뼈 아래에 부착 하고, 다른 패드는 왼쪽 젖꼭지 아래의 중간겨드랑선에 부착하는 전외 위치법이 일반적으로 사용된다.

9) 심장 리듬분석의 의미

전기충격이 필요합니다.
(충전중)

↓

전기충격 버튼을 누름

↓

즉시 가슴압박을 실시
(환자가 움직이면 중단)

전기충격이 필요하지 않습니다.

↓

즉시 가슴압박을 실시
(환자가 움직이면 중단)

급성 심장정지 환자에서 "전기충격이 필요합니다." 라는 음성 메세지는 심장이 떨고 있는 상태를 의미하며, "전기충격이 필요하지 않습니다." 라는 음성 메시지는 심장이 자발적 운동이 없는 상태를 의미한다.

10) 자동심장충격기 사용시 주의사항

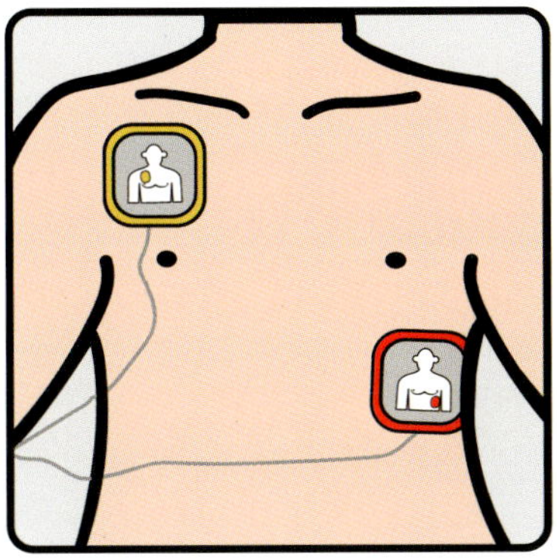

맨살에 부착, 물기 제거

전기충격 시 접촉 금지

11) 팀 소생술의 중요성

심폐소생술 2~3배 증가

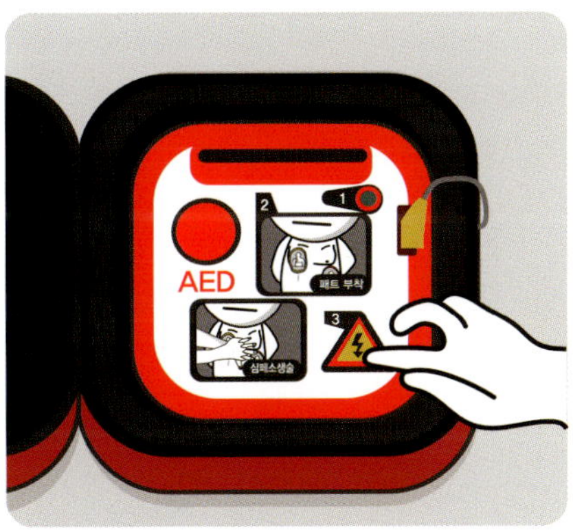

전기충격 추가 시 4배 증가

급성 심장정지 환자에서 신속한 심폐소생술을 시행하면 생존율을 2~3배 증가시킬 수 있다. 심폐소생술 시행 중 심장충격기까지 적용하면 생존율은 4배 이상 증가시킬 수 있으므로 가능하다면 신속한 팀 소생술이 필요하다.

Chapter 02 알쏭달쏭 퀴즈

01 지하철역 내에서 50대 남자로 보이는 분이 가슴통증을 호소하며 쓰러지는걸 당신은 목격하였습니다. 현장에 있는 당신이 가장 먼저 해야 할 행동은 무엇일까요?

① 즉시 가슴압박을 실시한다.
② 지하철에 배치된 심장충격기를 가져와 사용한다.
③ 119에 신고한다.
④ 쓰러져진 환자의 의식을 확인한다.

02 심정지 환자에게 심폐소생술을 실시하고 있는 도중 심장충격기가 도착하였습니다. 심장충격기는 누가 사용하는게 가장 좋을까요?

① 119가 도착하면 사용한다.
② 심장충격기를 가지고 온 사람이 사용한다.
③ 현장에서 사용할 줄 아는 분이면 누가됐든 빠르게 사용한다.
④ 목격자가 사용할 수 있게 심장충격기를 건네준다.

3
Chapter

응급처치
(외상편)

1. 응급처치
2. 상 처
3. 근골격계 손상

1 응급처치

1) 응급처치란?

갑작스런 사고나 질병에 의한 부상자나 환자가 전문적인 의료서비스를 받기 전까지 현장에서 즉시 조치를 취하는 것을 말한다.

2) 응급환자란?

질병, 분만, 각종 사고 및 재해로 인한 부상이나 그 밖의 위급한 상태로 인하여 즉시 필요한 응급처치를 받지 아니하면 생명을 보존할 수 없거나 심신에 중대한 위해가 발생할 가능성이 있는 상황을 말한다.

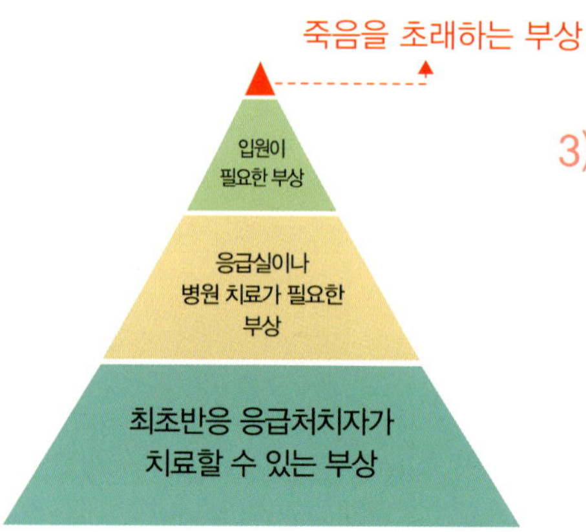

부상 피라미드

3) 응급처치의 중요성

응급처치는 다음과 같은 효과를 볼 수 있다.

(1) 감염 및 손상악화를 방지한다.
(2) 회복기간을 단축한다.
(3) 후유증을 최소화한다.
(4) 생명을 구한다.

4) 응급상황 시 행동원칙

응급상황 시 고려할 점	응급상황 시 우선 순위
· 자기 자신을 위험한 상황에 노출시키지 않는다. · 주변에 기름이나 가스같은 위험물질이 있는지 확인한다. · 혼자서 너무 많은 것을 하려고 하지 않는다.	· 현장 상황 및 주변 환경이 안전한지 파악한다. · 환자 상태를 확인한다. · 응급한 문제에 대하여 도움을 제공한다. · 다른 사람에게 도움을 요청한다.

5) 응급환자 발생 시 신고요령

(1) 환자가 있다는 것을 알려주기

(2) 환자의 위치 알려주기

(3) 환자가 아픈 곳을 말하기

(4) 환자의 나이, 지병을 말하기

(5) 신고자의 이름과 예비 연락처 말하기

(6) 의료지도 받고 응급처치하기

6) 응급처치 법적문제 (응급의료에 관한 법률)

응급처치 시 발생하는 법적 문제는 “제5조의2(선의의 응급의료에 대한 면책) 생명이 위급한 응급환자에게 다음 각 호의 어느 하나에 해당하는 응급의료 또는 응급처치를 제공하여 발생한 재산상 손해와 사상(死傷)에 대하여 고의 또는 중대한 과실이 없는 경우 그 행위자는 민사 책임과 상해(傷害)에 대한 형사 책임을지지 아니하며 사망에 대한 형사책임은 감면 한다” 관련 법률에 따라 보호받을 수 있다.

7) 응급환자 발생 시 응급의료체계

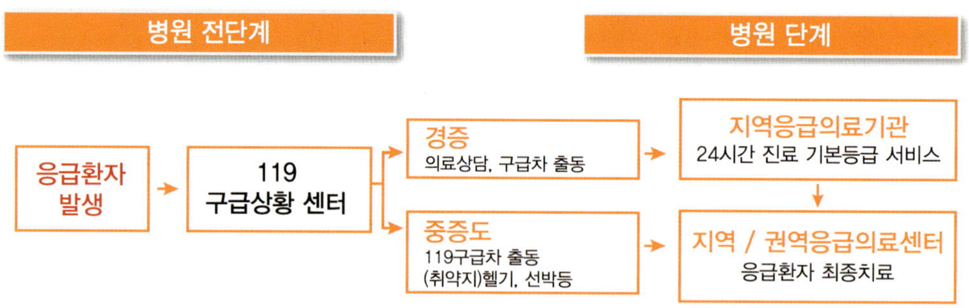

응급의료체계는 지역마다 응급상황 발생 시 효과적이고 신속하게 의료를 제공하기 위해서 인력, 시설, 장비를 유기적으로 운용할 수 있도록 배치되어 있다. 응급환자가 발생하면 병원 전 단계에서는 적절한 처치를 시행하고 신속하게 치료 가능한 병원으로 이송한다. 이처럼 짧은 시간에 최상의 응급의료서비스를 제공하기 위해서는 현장출동 및 처치팀(119 구급대) 및 병원 응급의료팀 간의 유기적인 협력체계 구축이 필수적이다.

8) 응급환자 평가

편측마비

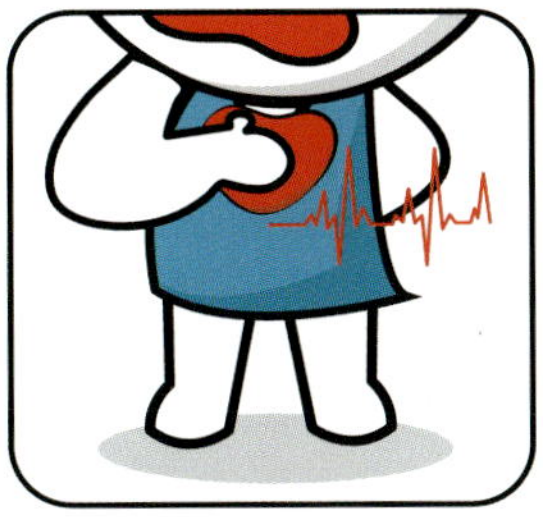
심장마비

약물중독

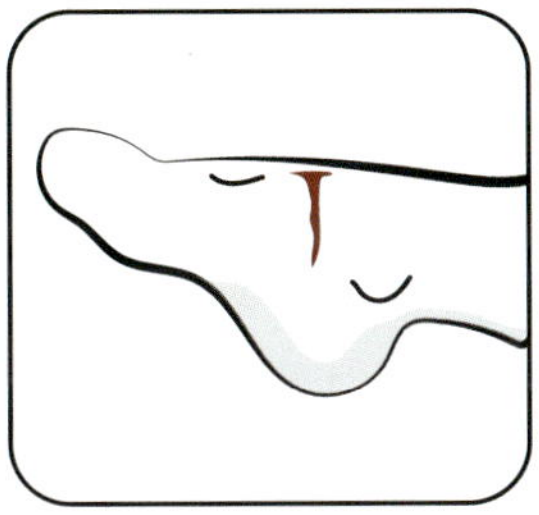
상 처

화 상

코 피

(1) 현장 평가

현장의 안전성, 사고의 원인, 질병의 특징, 환자는 몇 명인지를 평가하는 단계이다.

(2) 1차 평가

생명에 직접적으로 위협하는 문제점을 찾아내는 단계이다.

(3) 2차 평가

현재 생명의 위협은 없으나 치료하지 않으면 생명에 위협이 될 수 있는 내과적 문제와 외과적 손상을 찾기 위해 머리에서 발끝까지 시진과 촉진으로 세부적인 신체검사를 시행하는 단계이다.

2 상처

1) 출혈이란?

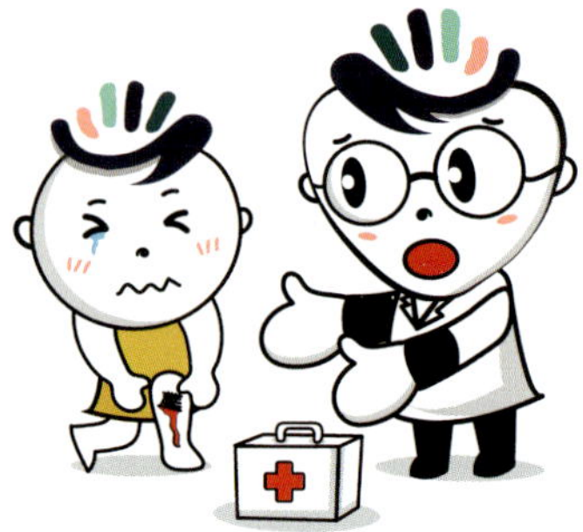

- 혈액이 동맥, 정맥, 모세혈관으로부터 외부로 유출되는 것을 의미하며, 부위에 따라 외부 및 내부 출혈로 구분된다.
- 정상 성인은 체중의 6~7%, 즉 70ml/kg 에 해당되는 혈액을 보유하고 있다. 전체 혈액량의 10% 이상 출혈하게 되면 위험하며, 특히 영아는 25~30ml, 소아는 200~300ml 정도의 소실로도 쇼크에 빠질 수 있다.

2) 출혈의 종류

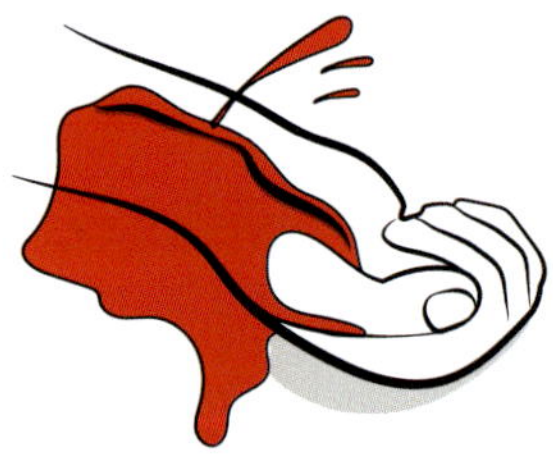

(1) 동맥 출혈

맥박이 뛰면서 뿜듯이 쏟아내는 출혈 양상을 보인다. 비교적 선홍색의 혈액이 배출되며, 혈압이 높으므로 정맥성 출혈에 비하여 출혈속도가 더 빠르고 지혈하기 위해서는 더 강한 압박이 필요하다.

(2) 정맥 출혈

맥박과 상관없이 흐르는 양상의 출혈을 보인다. 상대적으로 검붉은 색의 혈액이 배출된다.

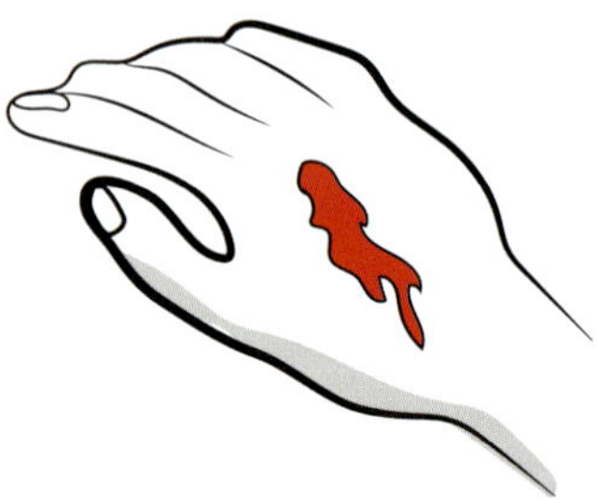

(3) 모세혈관 출혈

혈관 중 가장 말단부위인 모세혈관으로부터 조금씩 나오는 출혈 형태이다. 대부분은 증세가 심각하지 않으며 지혈이 용이하고 쉽게 응고된다.

3) 상처의 유형

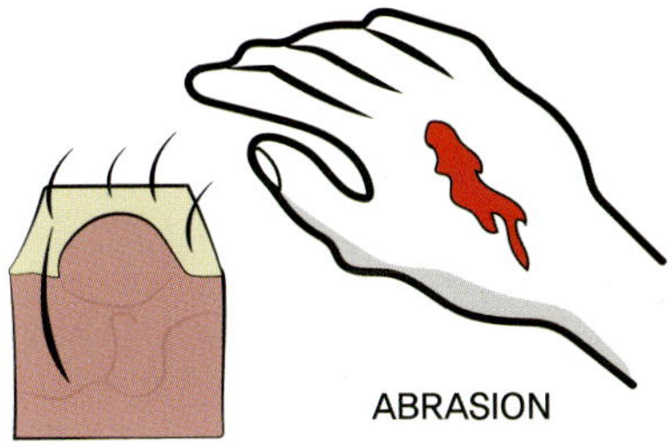

(1) 찰과상 (긁힌 상처)

긁힌 상처를 말하며, 가장 경미한 상처로 피부의 표피층만 다친 경우이다. 출혈은 심하지 않으나 염증을 유발하여 세균에 감염되기 쉽다.

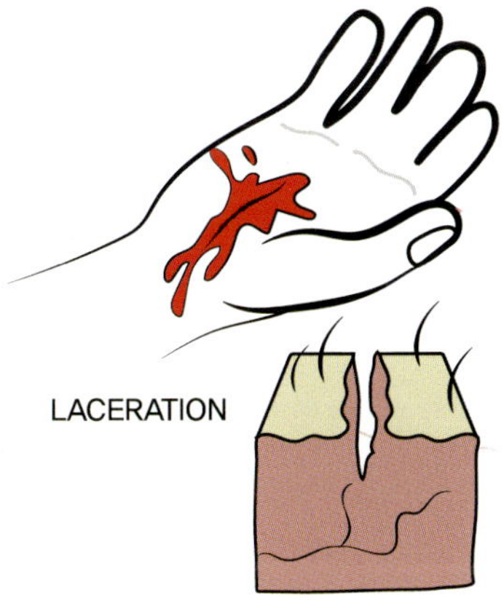

(2) 열상 (찢겨진 상처)

짓눌리거나 마찰에 피부가 심하게 찢겨진 상처를 말한다. 칼이나 유리조각 등으로 베여서 생길 수 있으며, 때론 둔탁한 물체에 부딪혀 파일 수 있다. 상처에서 보통 출혈이 심하며 신경 또는 건의 손상을 동반할 수 있다.

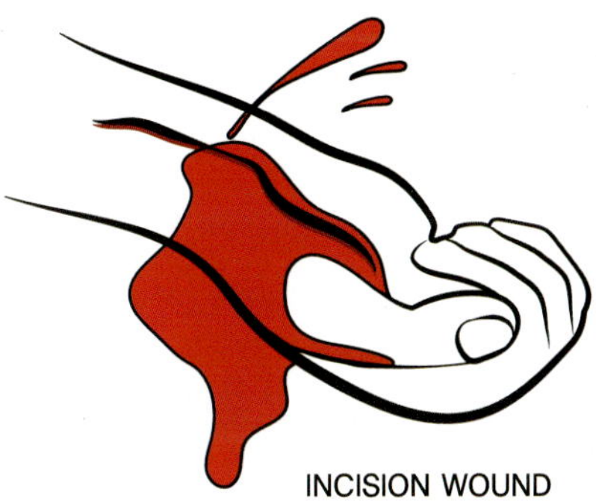

(3) 절상 (베인 상처)

상처의 가장 자리가 매끄럽게 베인 상처를 말한다. 종이나 잘 드는 칼, 유리 등으로 베여서 생기며 크기에 따라 출혈량이 달라진다.

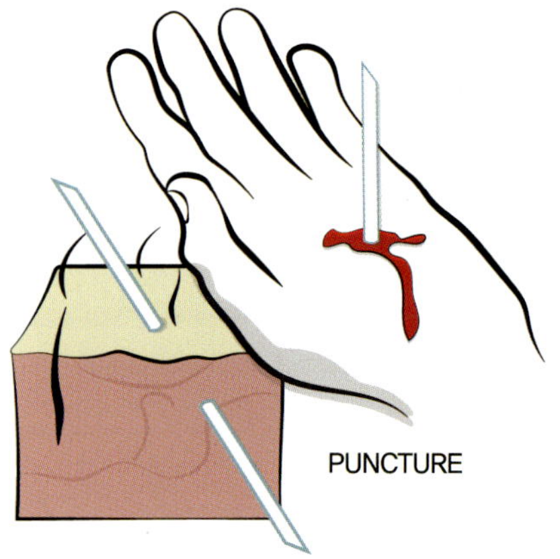

(4) 자상 (찔린 상처)

못, 바늘, 철사, 칼 등에 찔린 상처를 말한다. 주로 상처가 깊고 좁기 때문에 피부의 내부 조직에까지 상처가 생긴다. 자상의 상처 부위는 작아 보이지만 감염의 위험은 매우 높다. 만일 이물질이 꽂혀 있다면 현장에서 절대로 제거해선 안 된다.

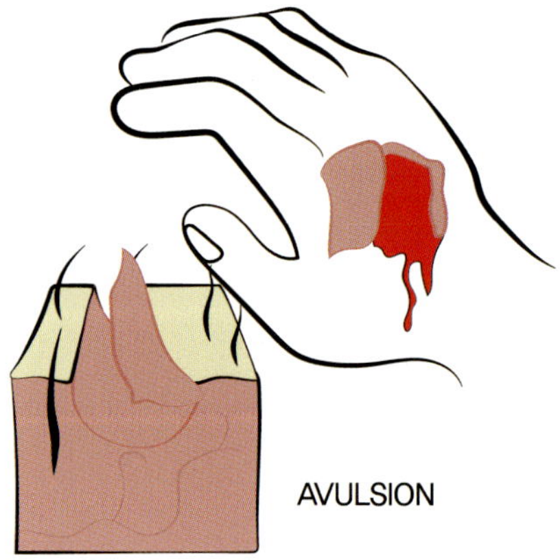

(5) 결출상 (심하게 벗겨진 상처)

살이 찢겨져 떨어진 상태로 늘어진 살점이 상처 부위에 붙어 있기도 하고 완전히 떨어져 나가는 상처를 말한다. 이런 경우 출혈이 심하고 감염의 확률도 매우 높다.

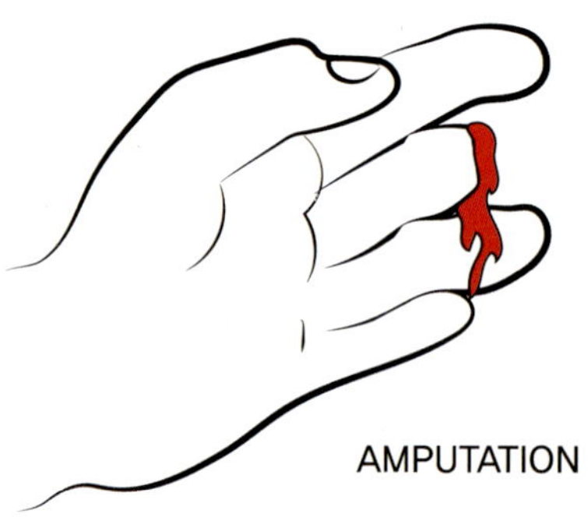

(6) 절단 (잘려서 분리된 상처)

손가락, 발가락, 손, 발, 팔, 다리와 같은 신체 부위가 잘려 나간 경우를 말한다. 출혈이 매우 심하며 근골격, 신경과 혈관의 손상을 동반한다.

4) 상처 관리

(1) 상처 치유 과정

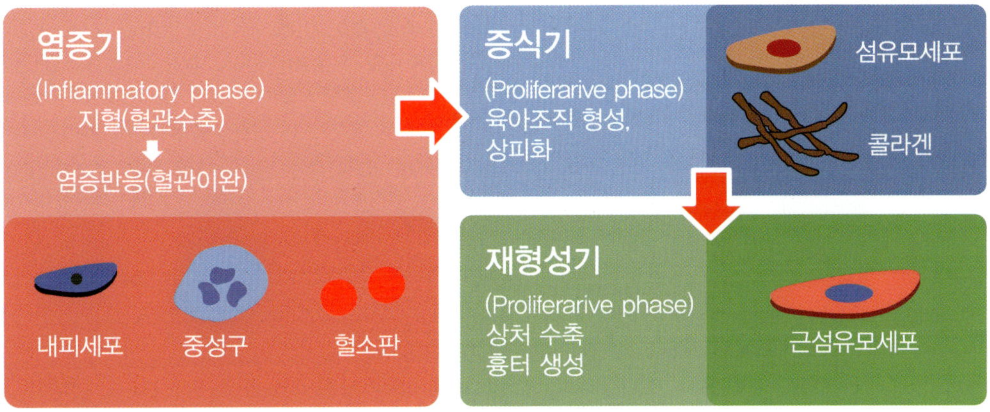

① **염증기**
상처가 나서 파괴된 조직, 죽은 조직과 이물질 등을 제거하는 과정으로 치료에 많은 영향을 주는 가장 중요한 단계이다. 상처 정도에 따라 출혈이 일어나면서 혈관이 수축하고 혈소판이 나와 피를 멈추게 하고 딱지를 형성한다.

② **증식기**
상처가 난 주변부로부터 혈관이 새로 자라고 육아조직이 새로운 결합조직을 만드는 단계이다. 피부의 상피가 세포분열을 하여 상처를 덮는 과정이며, 이 단계는 상처의 반흔(흉터)이 솟아오르기 시작하는 시기이다.

③ **성숙기**
상처 치유과정 중 가장 긴 단계이다. 콜라겐 섬유의 합성과 퇴화가 일어나면서 염증세포가 사라지며 원래의 피부조직에 가깝게 성숙되는 과정이다.

---

(2) 상처 드레싱 목적

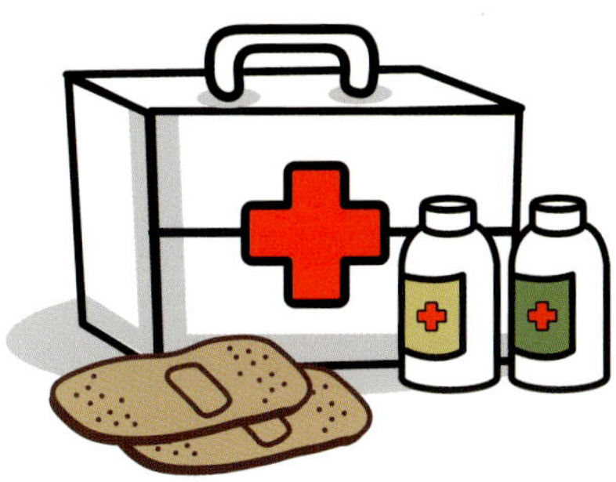

① 감염 및 오염을 방지한다.
(상처나 화상에 병균이 들어가는 것을 막는다.)
② 출혈을 방지한다.
(지혈 = 피가 흘러나오는 것을 억누른다.)
③ 혈액과 상처부위의 분비물을 흡수한다.
④ 상처가 악화되지 않도록 보호하는 역할을 한다.
⑤ 적절한 압력을 가하기 위함이다.

5) 소독제제의 종류

(1) 포비돈 요오드

① 정상세포 손상률이 아주 적고 오랜기간 사용해도 내성이 없어 찢긴 상처, 궤양, 농양, 창상 등 살균 소독에 아주 효과적이다.

② 갑상선 기능 이상 환자나 신기능 저하 환자에선 사용에 주의해야 하며 신생아 탯줄 소독에도 부적절하다.

(2) 과산화수소

① 상처 부위에만 사용 가능하며, 정상세포 손상이 크고 심한 통증을 야기한다.
② 응고된 피를 닦는데 효과적이다.
③ 딱지가 있거나 농으로 덮힌 상처는 효과가 적다.

(3) 알코올

① 세균에 대한 살균력이 우수하다.
② 손소독이나 피부소독 등에 좋다.
③ 피부에 이물질이 있다면 효과가 덜하고 상처에 심한통증을 유발하며 피부를 마르게 한다
④ 상처 부위 사용 시 엄청 따갑고 정상세포를 많이 파괴하여, 상처 회복 속도를 더디게 한다.

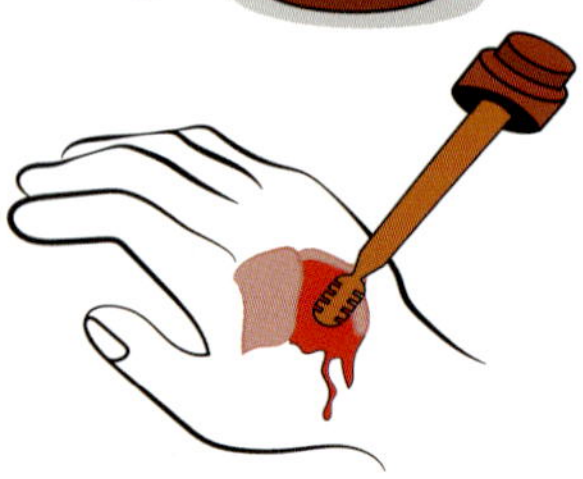

(4) 포비돈 요오드 사용 시 주의점

① 소독약의 막대로 바르지마라!

막대로 소독을 하게 되면 막대에 감염의 위험이 있으므로 한 개의 막대로 여러 상처를 소독하지 않는다. 면봉을 사용하거나 작은 용기에 사용할 만큼만 덜어서 사용하는 것이 좋다.

② 상처에 직접 닿는 건 금물!

포비돈요오드 용액을 상처에 바를 경우 피부손상, 2차 감염 발생위험이 크다. 그러나 요즘은 희석된 포비돈 요오드 용액 같은 경우 피부 손상정도가 수돗물과 증류수만큼 손상율이 낮다는 의견도 나오고 있다.

6) 상처 종류별 드레싱

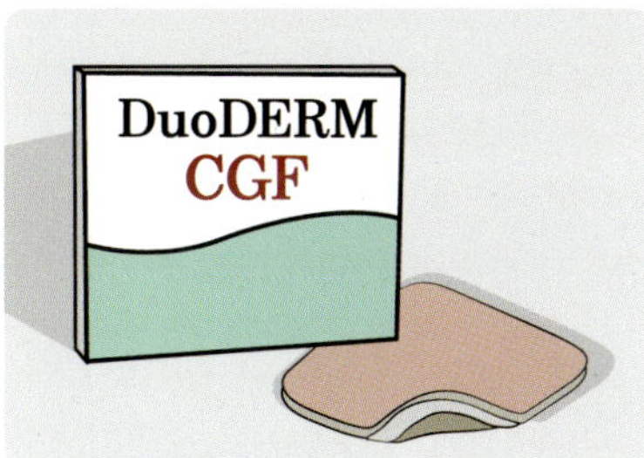

(1) 커버 드레싱 : 하이드로 콜로이드

① 특 징

- 폐쇄성 혹은 반폐쇄성
- 접착성
- 흡수성 : 매우 다양함
- 일차 혹은 이차드레싱으로 사용 가능

② 적응증

- 부분층에서 전층 피부손상까지
- 소량에서 중정도의 분비물
- 피부이식 공 여부, 2도 화상

③ 금 기

- 감염상처, 특히 혐기성 균
- 삼출물이 과도한 상처

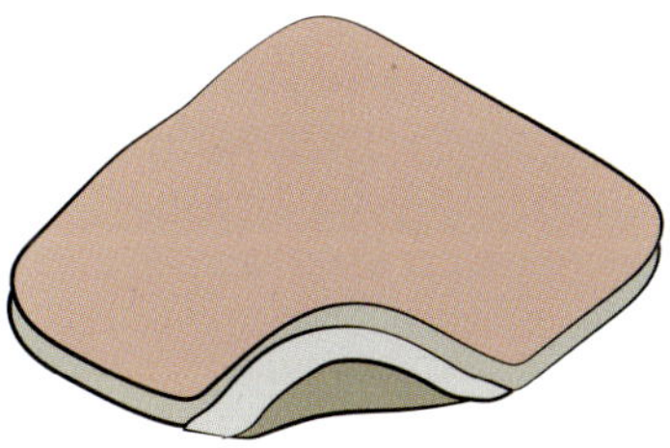

(2) 흡수 드레싱 : 폼

① 특 징

- Polyurethane
- 삼출물 흡수에 유익
- 상처의 심부온도 올려서 효소 활동 자극
- 보호와 쿠션 제공

② 적응증

- 과량의 삼출물이 있는 상처
- 손상되기 쉬운 상처주변 피부

항생제 성분

VS

상처치유 성분

(3) 상처 종류별 적합한 연고

① 항생제 성분(퓨시드산)는 세균을 죽이는 역할이 아닌 억제하는 역할을 한다. 1차로 소독 후에 세균번식을 막기 위해 후시딘을 바른다. 피부 침투력이 좋아 딱지 위에 발라도 효과적이다.

② 재생 성분은 상처 재생이 주 목적이다. 연고와 분말은 항생제 성분이 없지만 상처 부위에 새살이 빠르게 돋도록 하는 역할을 한다. 후시딘과 달리 2차적으로 세균감염 발생을 막는다. 복합마데카솔은 스테로이드 성분이 소량 함유 되어 있다.

7) 상처 응급처치

(1) 세척하기

지혈이 되면 흐르는 수돗물에 상처를 씻어 상처에 묻어 있는 흙이나 기타 오염물질들을 최소화해야 한다. 수돗물이 없을 경우에는 판매하는 생수 등을 사용하고, 적절한 세척액을 구할 수 없다면 그냥 깨끗한 마른 수건으로 덮는다.

(2) 지혈하기

출혈부위는 소독 거즈나 깨끗한 수건을 이용하여 직접 압박을 한다. 필요시 동맥점 압박을 한다.

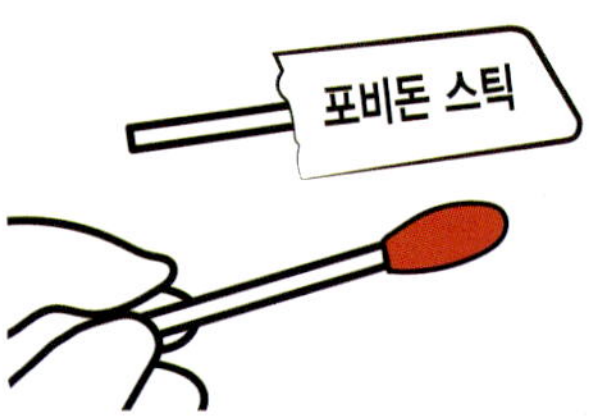

(3) 소독하기

포비돈 스틱으로 상처부위를 소독한다.
소독된 부위에는 습윤 거즈 또는 폼 제제로 덮는다.

(4) 붕대감기

상처 부위별 적당한 붕대를 선택한 후 고정한다.

8) 절단물 보관법

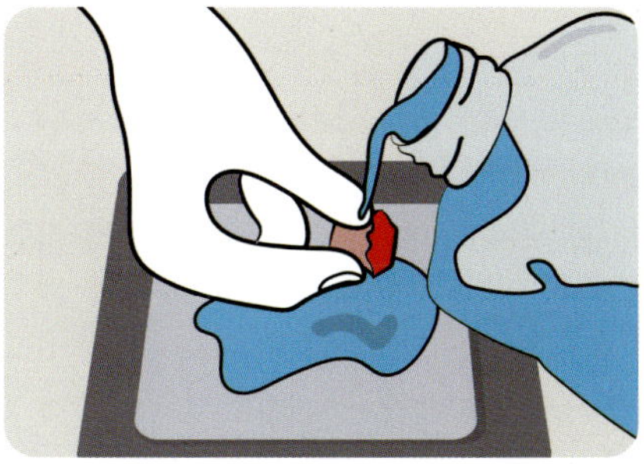

(1) 세척하기

가능하면 절단부위를 흐르는 깨끗한 물에 가볍게 씻어 낸다.

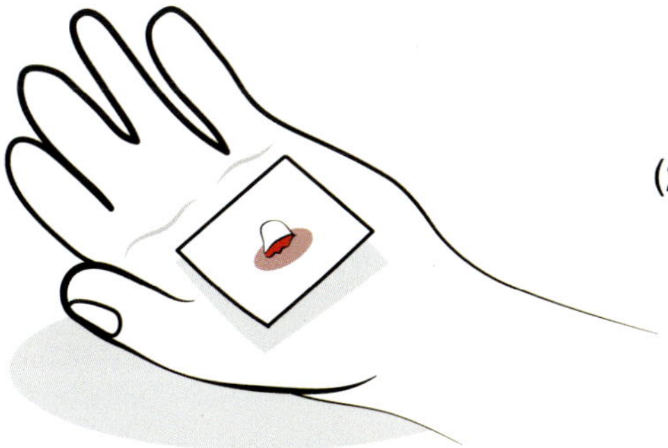

(2) 젖은 거즈에 싸기

절단부위를 가능하면 젖은 거즈를 사용하여 싼다.

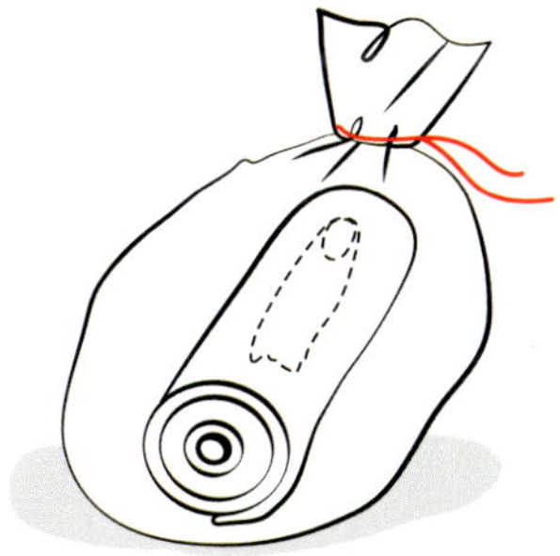

(3) 방수시키기

절단된 부위를 젖은 거즈에 싼 후 비닐 봉지나 방수 용기(컵이나 유리병)에 담는다.

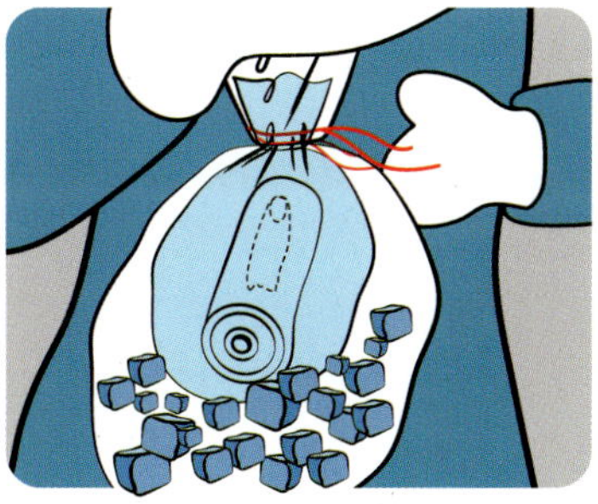

(4) 차게 해서 옮기기

더 큰 용기에 물을 충분히 담고, 얼음을 여러개 띄워 차갑게 만든 후 절단물이 든 방수 용기를 넣는다. 절단 부위를 차게 보관하지 못하고 6시간이 경과하면 살릴 가능성이 희박해진다. 효과적으로 차게 보관할 경우 최장 18시간까지 생존이 가능하다.

3 근골격계 손상

1) 염좌 (관절이 삐었을 때)

염좌는 과도한 운동이나 심한 근육활동 등에 의해 힘줄이나 기타 조직이 심하게 늘어나거나 뒤틀려서 생긴 관절의 부상이다. 손상과 동시에 관절을 움직이면 통증을 느끼면서 아프고 붓기 시작한다. 다친 조직에서 반상출혈이 생겨 색깔이 변할 수 있다.

2) 탈구 (관절이 빠질 때)

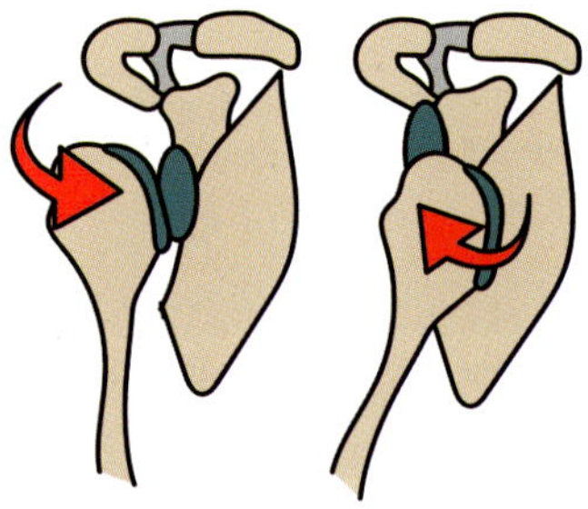

탈구는 관절이 제자리에서 벗어난 상태 즉 빠진 상태를 말하며, 어깨, 팔꿈치, 손가락, 엉덩이, 무릎, 발목 등에서 잘 발생한다. 탈구가 되면 인대, 혈관, 건, 신경 등 역시 손상을 입을 수 있으며, 가장 중요한 특징은 변형이다.

3) 골절 (뼈가 부러졌을 때)

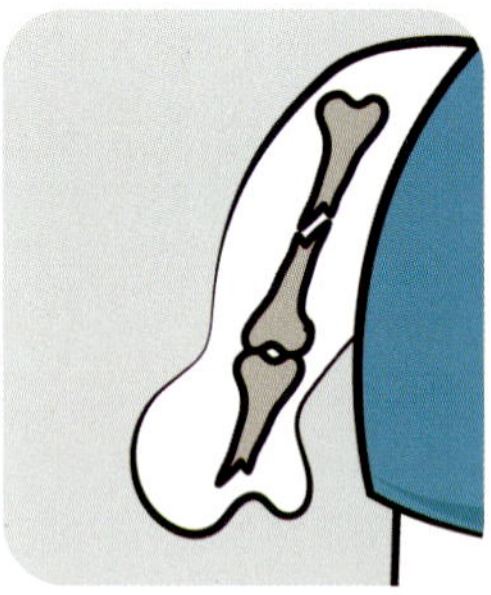

(1) 폐쇄성 골절

골절 부위의 피부와 연부조직에 전혀 상처가 없는 경우를 말하며, 개방성 골절로 진행할 수 있으므로 주의한다.

(2) 개방성 골절

골절 부위를 덮고 있는 피부가 찢겨져 뼈가 피부 밖으로 빠져 나온 경우를 말한다. 대부분의 경우 혈관이 손상되고 심한 출혈이 동반된다.

4) 골절의 증상 및 징후

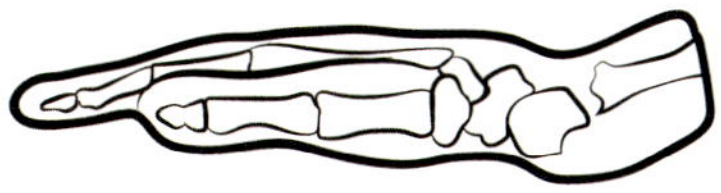

(1) 변형

골절부위가 본래의 상태에 위치하지 않거나 골격 길이의 단축이 있는 경우를 말하며, 다치지 않은 쪽과 비교 확인 가능하다.

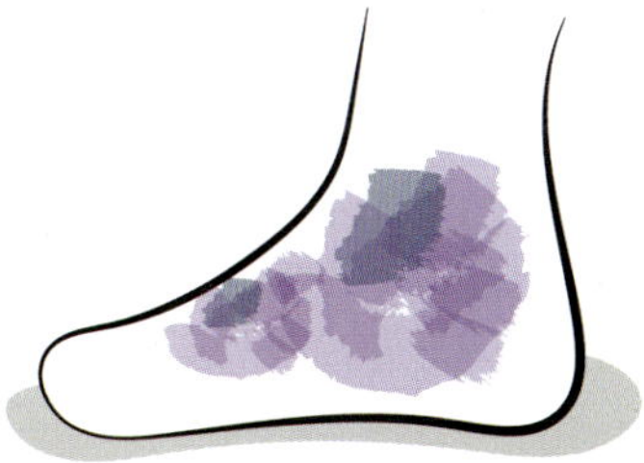

(2) 부종

골절부위가 붓는 것을 말한다.

(3) 운동제한

다친 쪽을 움직일 수 없다. 움직일 때 아프면 환자는 방어 자세를 취한다.

(4) 압통

골절부위를 누르면 심한 통증을 호소한다.

5) 골절 시 응급처치

(1) 안정 (Rest)

통증이 발생하면 움직임을 제한하고 휴식을 취해주는 치료가 우선이다. 심각한 손상이 아닌 일시적인 증상이라면 충분한 휴식만으로 통증이 감소 할 수 있다.

(2) 냉찜질 (Ice)

부종과 염증반응을 감소시켜주는 방법으로 한번에 20~30분간, 하루 3~4회 정도로 시행해 주는 것이 좋다. 얼음을 직접적으로 피부에 대고 찜질을 할 경우는 동상에 걸릴 수 있으므로 반드시 수건이나 팩을 사용해야 한다.

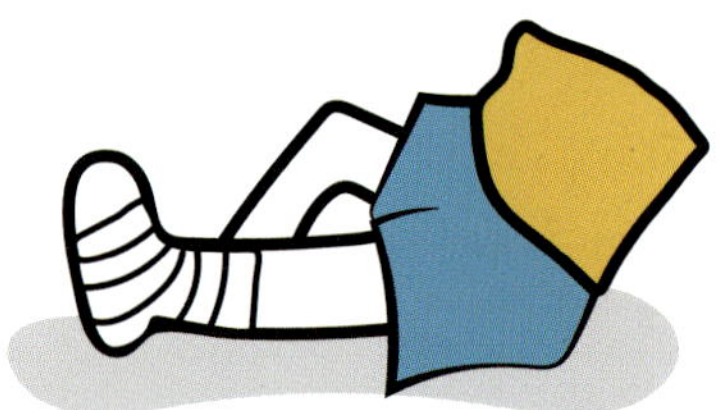

(3) 압박 (Compression)

손상 부위에 붕대를 이용해 압박 시켜주면 부종을 감소시키는데 도움이 된다. 그러나 압박을 심하게 할 경우 혈액순환 장애가 발생 할 수 있으므로 20~30분 간격으로 붕대를 풀었다가 다시 감아주는 것을 반복하는 것이 좋다.

(4) 거상 (Elevation)

부상 부위가 심장보다 아래쪽에 있을 경우 중력의 효과로 인하여 부종이 점점 심해질 수 있다. 가능하면 앉아있을 때나 누워있을 때 다리를 심장보다 높은 곳에 놓고 휴식을 취해주면 부종을 감소시킬 수 있다.

6) 근골격계 손상 시 부목 사용법

(1) 붕대 종류 및 사용 목적

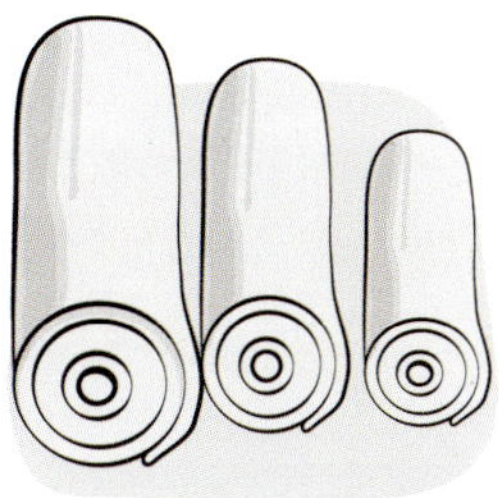

① 두루마리붕대

② 삼각건

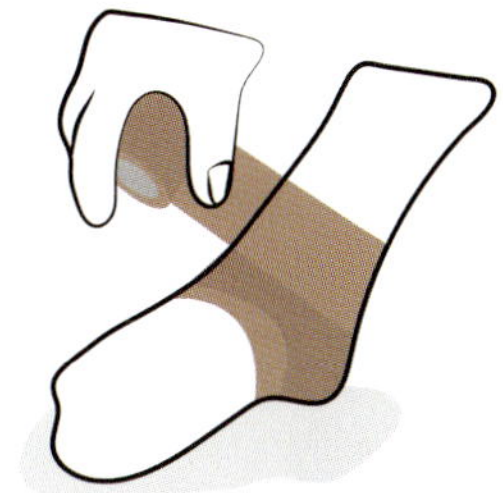

③ 탄력 붕대

붕대는 개방성 상처를 덮은 드레싱을 고정하고, 드레싱 위로 직접 압박하여 지혈한다. 이렇게 압박을 해주면 다친 부위가 붓는 것을 막을 수 있고 팔 · 다리나 관절을 고정해줄 수도 있다.

(2) 붕대 감는법

① 팔꿈치에 붕대감기

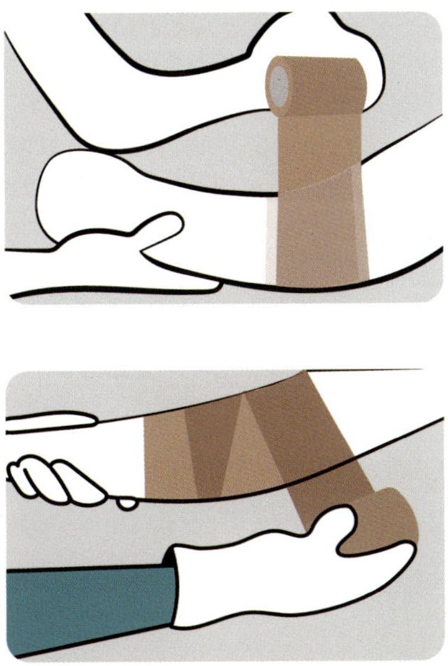

② 발목에 붕대감기

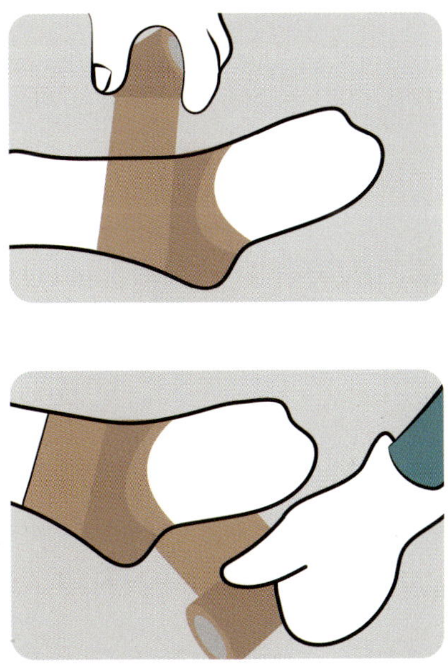

붕대는 폭, 길이 소재가 다양하여 신체 부위에 따라 다른 넓이를 사용하는 것이 효과적이며 바람직하다. 환행대는 붕대법의 가장 기본이며, 같은 자리에서 여러번 되감는 형식이다. 붕대를 감고나면 말초혈액순환 유무를 자주 점검해야 된다.

7) 근골격계 손상 시 부목 사용법

(1) 부목 종류 및 적용 목적

부목은 사지의 탈구, 염좌, 골절 등 손상된 부위를 고정시키는 장치이다. 부목의 궁극적인 목적은 통증의 최소화, 2차적 손상을 방지하기 위함이다.

(2) 손목 부목 적용법

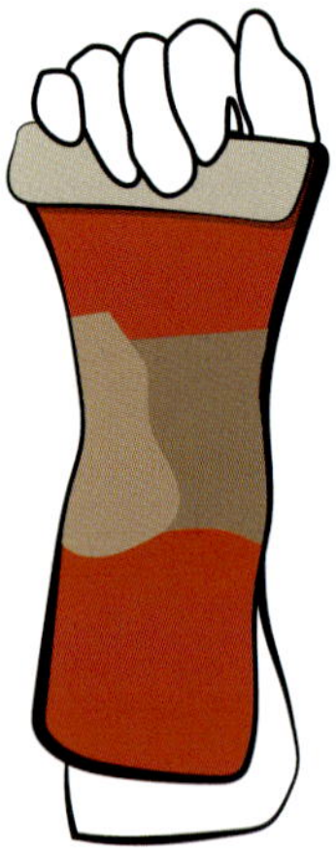

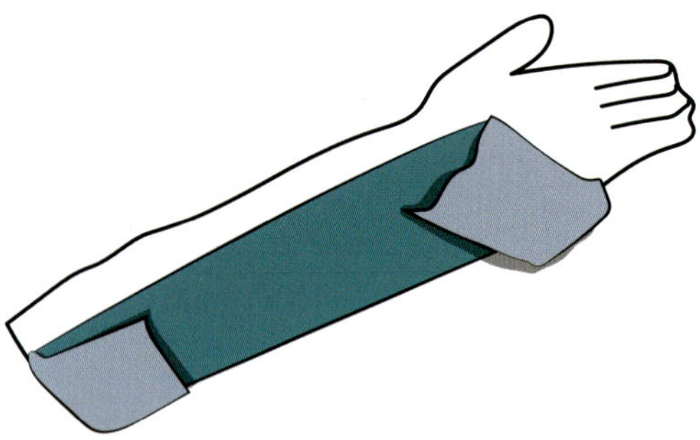

손목 부목은 관절과 인대손상, 손목관절의 염좌, 전완부 골절과 손상 등에서 적용한다. 부목의 위치는 중립위로 하는 것이 원칙이나, 골절과 인대의 손상부위에 따라 굴곡 또는 신전이 필요한 경우도 있다.

① 주관절과 중수골은 움직일 수 있도록 하며 손목관절은 약 15° 배굴시킨다.
② 상처가 없을 경우는 보통 손바닥쪽에 대어 준다.

Chapter 03 알쏭달쏭 퀴즈

01 60대 남자가 갑자기 말을 어눌하게 하며 얼굴에 마비 증상을 보입니다. 치료를 위해 어느 병원으로 가면 가장 좋을까요?

① 가까운 의원
② 가까운 종합 병원
③ 거리가 먼 대학병원
④ 치료 가능한 가까운 병원

02 긁힌 상처에서 진물이 많이 나오고 있어 상처 소독 후 폼을 사용하려고 합니다. 상처에 사용하는 폼은 언제 교체해 주는게 상처에 가장 좋을까요?

① 12시간 이내에 교체한다.
② 24시간 이내에 교체한다.
③ 36시간 이내에 교체한다.
④ 폼이 피부에서 떨어질 때까지 기다렸다가 교체한다.

4

Chapter

소방안전

1 불, 소화

1) 불이란?

(1) 불의 정의

어떠한 물질이 산소와 결합하여 열과 빛을 내면서 타는 현상없이 안정적으로 유지하는 상태를 의미한다.

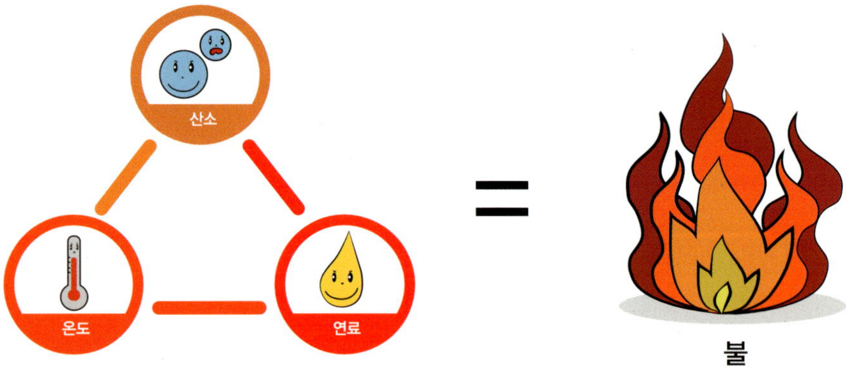

(2) 연소의 3요소

① 불꽃 : 열, 열원, 점화원
② 산소 : 공기
③ 불에 탈 수 있는 물건 : 연료, 가연물

(3) 소화 원리

소화는 재발화가 되지 않도록 가연물의 온도를 발화점 이하로 냉각하거나, 산소의 공급을 차단하거나 가연물을 화재 현장 밖으로 제거하거나 또는 연소의 연쇄반응을 억제하는 것 등을 말한다.

3) 소화의 방법

(1) 냉각소화

열을 흡수하여 가연물을 발화점 이하 온도로 낮추는 소화 방법이다.

예) 불에 타고 있는 연소물질에 물을 뿌려 소화하는 방법, 식용유 화재 시 상온의 식용류를 부어 소화하는 방법 등

(2) 제거소화

연소 중인 가연물을 차단하는 방법이다.

예) 전기화재시 전원차단, 가스화재 시 밸브를 잠그는 것 등

(3) 질식소화

공기 중의 산소를 차단하여 소화하는 방법이다. (공기 중 산소 농도를 15% 이하로 낮춤)

예) 수건, 담요, 이불 등으로 덮어 소화하는 방법, 알코올 램프의 뚜껑을 덮어 소화하는 방법 등

2 화재

1) 화재란?

인간이 의도하지 않은 또는 고의로 불을 낸 것을 의미하며, 소화시설을 이용해 화재를 진압할 필요가 있는 화학적인 폭발 현상을 말한다.

2) 연도별 화재 발생현황

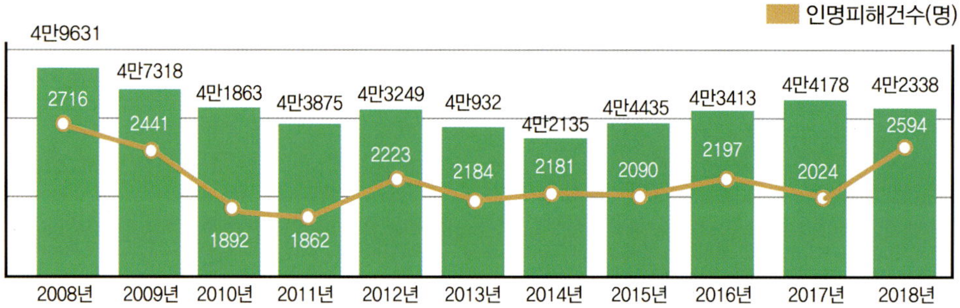

출처 : 행정안전부 화재통계연보

행정안전부 '화재통계연보' 에 따르면 매년 4만건이 넘는 화재사고가 발생하고 최근 5년간 인명피해건수는 매년 2천건을 넘고 있으며 재산피해액 역시 증가하고 있다. 특히 화재사고 중 대형화재로 인한 인명피해 및 재산피해가 급격하게 늘고 있다.

3) 화재 발생원인

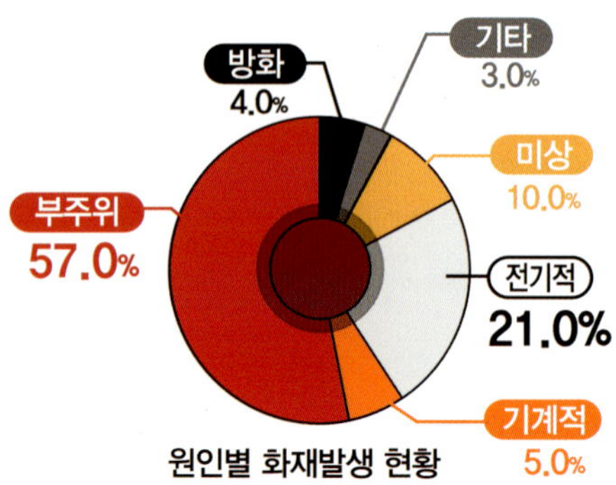

원인별 화재발생 현황
(2013~2017년)

(1) 화재 발생 원인의 대부분은 부주의이며 전기, 가스, 기름, 담뱃불, 불장난, 방화 순이다.

(2) 현황별 원인들은 다음과 같다.

① 부주의
(담배꽁초, 용접, 가스레인지 음식물 조리 중)

② 전기
(누전, 전기 콘센트 과부하 – 과열, 전기불꽃)

출처 : 소방청, 국가화재정보시스템

4) 화재의 분류

나무, 종이, 천, 기타, 고체 가연물

(1) A급 일반 화재_백색

나무, 솜, 고무, 종이 등 일반 가연성 물질 화재 시 사용한다.

휘발유, 알코올
페인트, 락카 등 인화성액체

(2) B급 유류 화재_황색

휘발유, 등유 등 가연성 액체와 LPG, LNG(도시가스)를 포함하는 가연성 가스에 의한 화재 및 폭발 시 사용한다.

콘센트, 전봇대, 고압전선, 기타전기설비

(3) C급 전기 화재_청색

전기 스파크, 단락, 과부하 등 통전중인 전기 장치 및 설비의 화재 시 사용한다.

식물성 또는 동식물유 지방 등

(4) K급 주방 화재_ 표시 · 색상 없음

주방에서 동식물유를 취급하는 경우 발생하는 화재 시 사용한다.

소화기 사용 예)

① 전기다리미 창고의 불은 A급 화재
② 전기다리미를 사용하다 전선이나 콘센트에 합선이 일어나 불이 나면 C급 화재
③ 식용유가 담긴 그릇에서 화재가 발생했다면 K급 화재, 그로 인해 주방비품에 화재가 번졌다면 A급, K급 화재

3 화재 발생 시 대처요령

1) 행동요령

(1) "불이야" 주위에 알리기

① 불을 발견하면 "불이야!" 큰소리로 외쳐 다른사람에게 알린다.

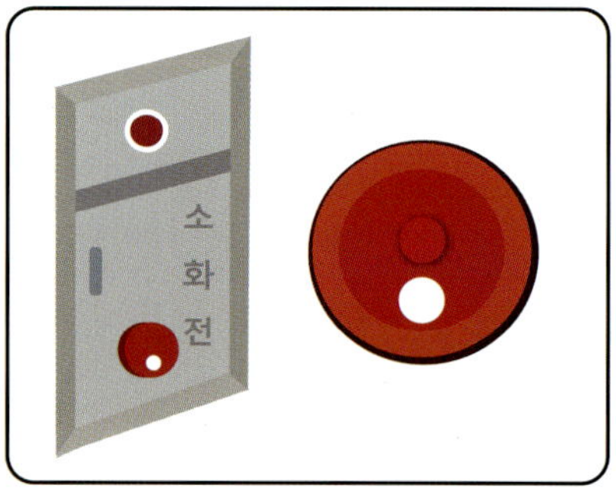

② 주위에 발신기가 있으면 누른다.

(2) 대피하기

① 입과 코를 가린다.
② 자세를 낮춘다.
③ 벽을 찾아 짚는다.
④ 비상구로 대피한다.

(3) 신고하기

① 안전하게 대피 후 119에 신고한다.
② 안전한 곳으로 대피한 후 인원을 확인하고 주변에 보이지 않는 사람이 있다면 출동한 소방관에게 알려준다.

2) 대피 시 주의사항

(1) 앞쪽에 있는 엘레베이터를 이용하지 않고
계단을 이용한다.

(2) 숨지 않는다.

(3) 손잡이가 뜨거우면 들어가지 않는다.

(4) 갇힌 경우 창문을 통해 알린다.

4 소방시설 중 경보설비

1) 화재발생 사실을 통보하는 기계, 기구 또는 설비

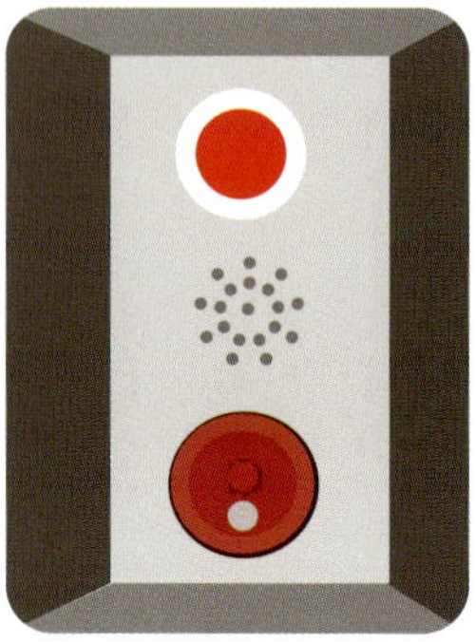

(1) 비상벨 설비

경보를 울려 소리로 화재 발생을 알리는 설비이다. 발신기 버튼을 누르면 연결된 다른 비상벨도 경보가 작동되며 상단 램프는 점등된다.

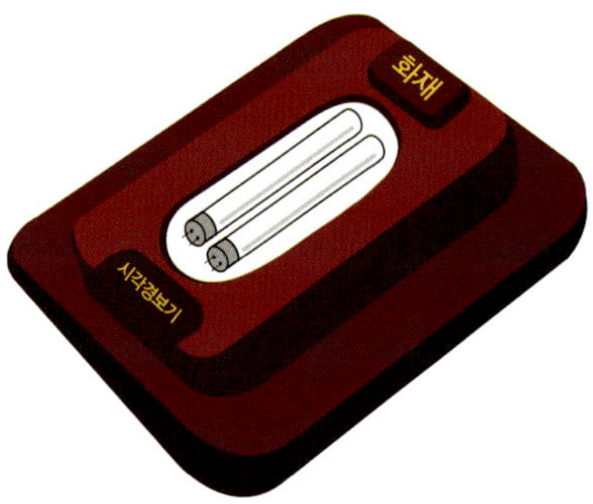

(2) 시각경보기

점멸방식의 섬광으로 화재경보를 알려주는 장치로 비상벨의 경보를 들을 수 없는 청각장애인에게 화재 발생을 시각적으로 알리기 위한 경보설비로 활용된다.

(3) 단독경보형감지기

열에 의한 화재를 감지하여 신속하게 경보하기 위한 설비이다. 건전지와 음향장치가 들어 있으며, 건물 내에 설치되어 있어 관리가 간단하고 비용이 저렴한 장점이 있다.

5 소방시설 중 피난구조설비

1) 화재 시 피난기구

사람들을 화재 현장으로부터 안전한 장소로 피난시킬 수 있는 기구이다.

(1) 완강기

① 완강기 배치

고층에서 화재 발생시 건물 외부로의 탈출을 돕는 장치로 각 층별(높이)에 따라 다양한 제품이 있다. 설치 장소에 따라 반복 사용이 가능한 완강기, 1회 사용이 가능한 간이완강기로 구분된다.

② 완강기 사용법

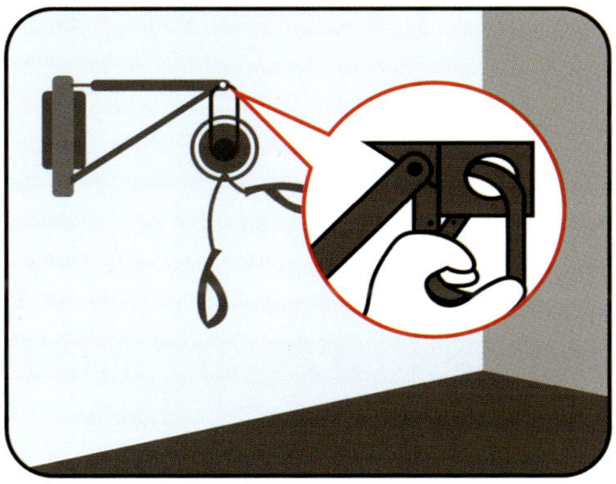

1. 지지대 고리에 완강기 고리를 걸고 잠근다.

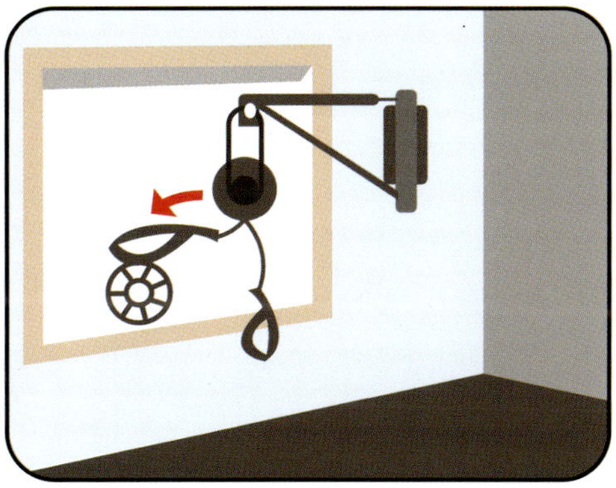

2. 지지대를 창 밖으로 밀고 릴(줄)을 창밖으로 던진다.

3. 완강기 벨트를 가슴 높이까지 걸고 조인다.

4. 벽을 짚으며 안전하게 내려간다.

(2) 구조대

포지 등을 사용하여 자루형태로 만든 것으로서 화재시 사용자가 그 내부에 들어가서 내려옴으로써 대피할 수 있는 것을 말한다.

(3) 피난사다리

화재시 안전한 장소로 긴급대피를 위해 사용하는 사다리로 건축물의 개구부에 설치한다. 종류로는 고정식사다리, 올림식 사다리, 내림식 사다리 있다.

2) 비상조명등 및 휴대용 비상조명동

(1) 비상조명등

화재 발생 시 정전, 연기로 시야 확보가 어려워도 신속한 피난을 돕는 조명으로 자동 점등된다.

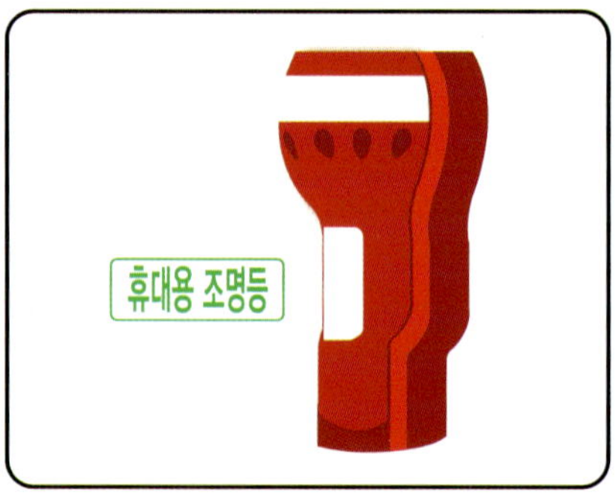

(2) 휴대용 비상조명등

지하상가, 마트, 철도역사, 공항, 영화관, 숙박시설, 강당, 터미널 등 넓은 거실이나 통로에 설치된다.

3) 옥내소화전

(1) 옥내소화전이란?

초기 화재를 소화하기 위한 목적으로 건물 내부에 설치하는 방수구와 배관, 기동용 수압개폐장치, 송수구 등으로 구성된 설비를 합쳐서 옥내소화전이라고 한다.

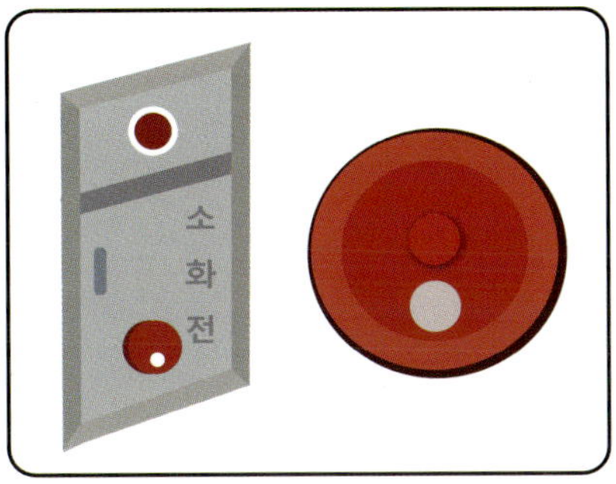

① 옥내소화전의 배치 : 소방대상물의 층마다 설치하되 층의 각 부분으로부터 1개의 호스 접결구까지의 수평거리가 25m를 초과할 수 없다.

② 설치 위치 : 옥내소화전 개폐밸브는 바닥으로부터 높이 1.5m 이하인 곳에 설치하여야 한다.

(2) 옥내소화전 사용법

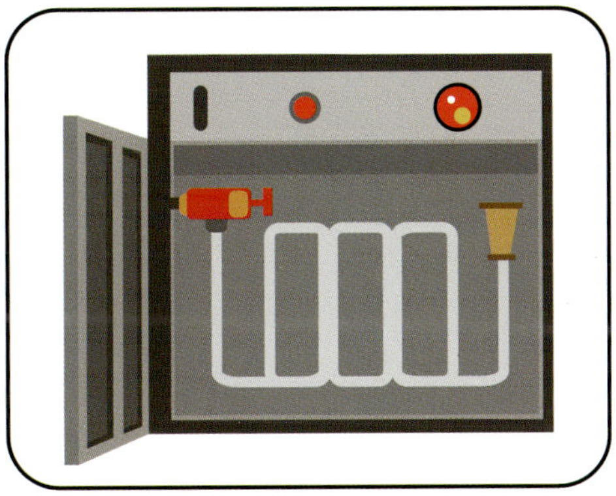

① 소화전함 문을 연다.

② 호스를 반드시 편다.

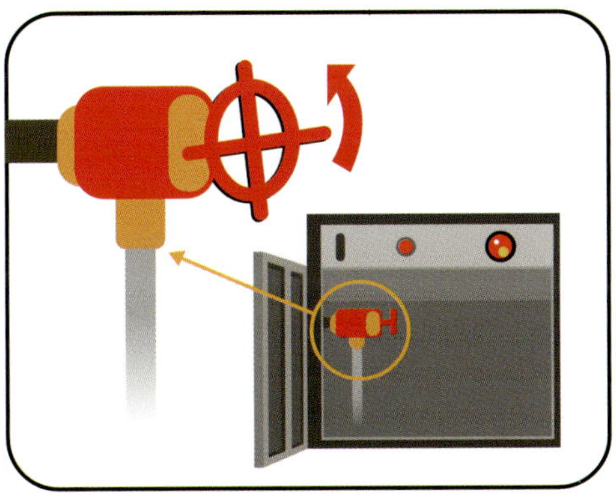

③ 밸브를 돌린다.

④ 노즐을 돌려 불을 끈다.

6 소방시설 중 소화설비

1) 소화기구

(1) 소화기

① 소화기 점검방법

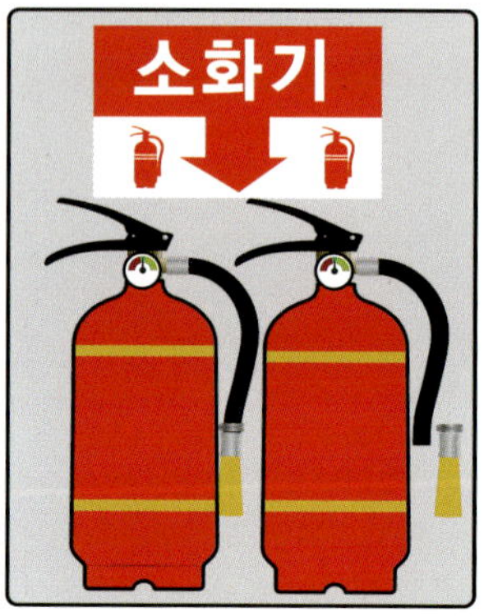

- 소화기는 1.5미터 이하의 높이에 설치하고 스티커를 부착하여 식별에 용이하도록 한다.
- 안전핀 이탈 유무 확인한다.
- 부식되거나 찌그러짐과 같은 변형이 보이는 경우는 폐기한다.
- 정상적인 소화기는 게이지가 녹색범위를 지시한다.
- 한 달에 한 번 소화기를 뒤집어 약제가 굳는 것을 예방한다.
- 점검을 마치면 점검일, 점검자 등을 점검표에 기록하며 최소 한 달에 한 번씩 점검한다.
- 2년 주기 정밀 점검을 하며, 소화기 교체주기는 8년을 권장한다.

② 소화기 사용법

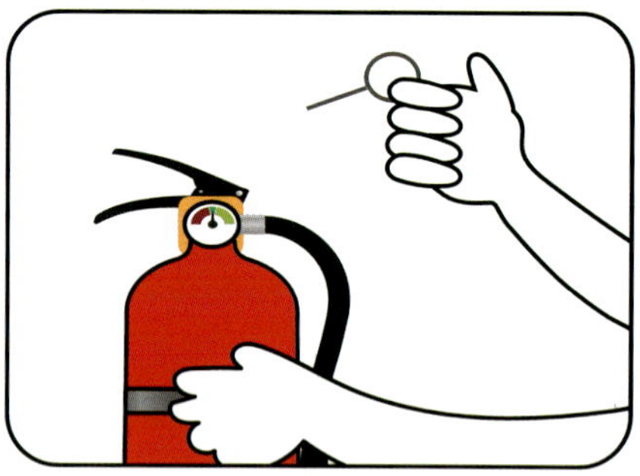

1. 안전핀을 뽑는다.

2. 노즐 잡고 불쪽으로 향한다.

3. 손잡이를 움켜쥔다.

4. 비로 쓸 듯이 뿌린다.

(2) 간이소화용구

① 에어로졸식

무게가 가볍고 부피가 작아 가정에 보관이 용이 하고, 휴대가 간편하여 차량용 소화기로도 유용하다. 사용이 간단하며 약제가 남았을 경우 재사용도 가능하다.

② 투척용

가볍고 사용이 편해서 어린이, 노약자 등 누구나 사용이 가능하고 화재로 인해 온도가 올라가면 자동으로 용기가 파손되며 약제가 방출된다. 반영구적으로 보관이 가능하며, 진화 후 약제로 인한 피해가 없다. 호텔, 병원, 어린이집, 노인시설, 의료시설 등에 설치된다.

(3) 스프링클러

① 자동확산소화기

화재를 감지하여 자동으로 소화 약제를 방출 확산시켜 국소적으로 소화하는 소화기를 말하며 주로 화재 위험이 높은 보일러실, 주방 등 천정에 설치된다.

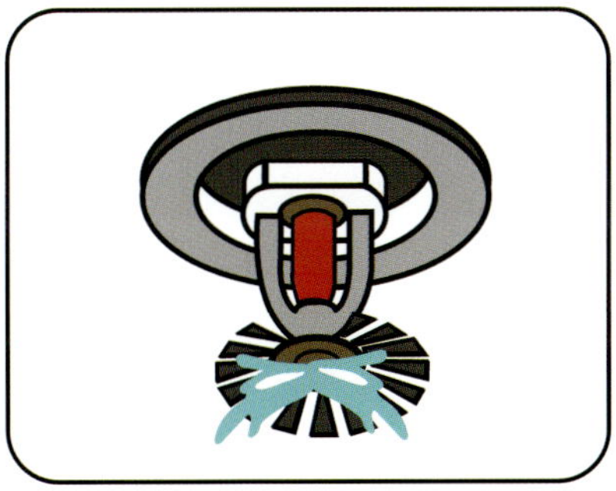

② 스프링클러

실내의 천장, 벽 등에 위치하며, 화재 감지기가 화재를 감지하는 즉시 배관내의 물이 헤드로부터 분사되는 초기 소화설비이다. 사람이 없는 야간에도 자동으로 화재를 감지, 경보, 소화하는 신뢰적인 안전한 설비이다.

4) 유도등

비상구의 위치 및 방향을 알려주고 피난자를 안전한 장소로 신속하게 유도하는 소방시설이다.

(1) 피난구 유도등

피난구 또는 피난경로에 사용되는 출입구를 표시하여 피난을 유도하는 등이다. 거실(넓은 공간), 실내에서 외부로 이어지는 비상문의 천정이나 벽에 설치되어 있다.

(2) 통로 유도등

비상용 조명으로 사용할 때가 많으며 피난경로의 계단 및 경사로에 설치되어 있다. 통로 등으로는 복도통로유도등, 거실통로유도등, 계단통로유도등이 있다.

(3) 객석 유도등

조명이 어두운 상황에서 조도가 약한 등을 객석의 통로, 바닥 또는 벽에 설치하여 사람을 유도하는 등이다.

Chapter 04

알쏭달쏭 퀴즈

01 화재 현장에서 대피 도중 옷에 불이 붙었다면 당신은 어떻게 행동하는게 좋을까요?

① 손으로 신속히 분을 털어낸다.
② 울면서 다른 사람에게 도움을 청한다.
③ 옷에 불이 붙어 뜨거우니 빨리 옷을 벗으려고 한다.
④ 대피를 멈추고 바닥에 엎드려 얼굴을 가린 후 좌우로 구른다.

02 불이 나면 가장 먼저 해야 하는 행동은 무엇일까요?

① 119에 신고한다.
② 소화기를 가져와 불을 끈다.
③ “불이야” 외치고 밖으로 대피한다.
④ 물을 사용하여 불을 끈다.

생활안전 빙고게임

안전사고	안전불감증	초록불	교통사고	빨간불
과속금지	음주운전금지	무단횡단금지	안전벨트착용	건넌다
살핀다	음주운전금지	안전거리확보	안전수칙	멈춘다
안전모착용	자전거점검	에어(A)	브레이크(B)	체인(C)

팀소생술 빙고게임

심장정지	급성 심근경색증	생존율	골든타임	목격자
질식	심정지장소	약 5CM	가슴뼈 아래쪽절반	갈비뼈골절
가슴압박 소생술	깨우고	알리고	확인하고	누르고
심장충격기	전원켠기	패드붙이기	분석하기	전기충격실시

응급처치 빙고게임

응급처치	알코올	119신고	선한 사마리아인법	코피
자상	화상	출혈	찰과상	드레싱
포비돈	세척	염좌	RICE	붕대
부목	탈구	골절	뇌졸중	열상

소방안전 빙고게임

연소3요소	C급전기화재	B급유류화재	부주의	A급일반화재
K급주방화재	불이야	대피하기	신고하기	엘리베이터 금지
완강기	지지대	옥내소화전	안전핀뽑기	노즐잡기
손잡이잡기	분사하기	유도등	간이소화용구	스프링클러

색칠하기

상처를 소독해요!!

① 세척하기

② 지혈하기

③ 소독하기

④ 붕대감기

Appendix
부록

색칠하기

심장충격기 빨리 사용해요!!

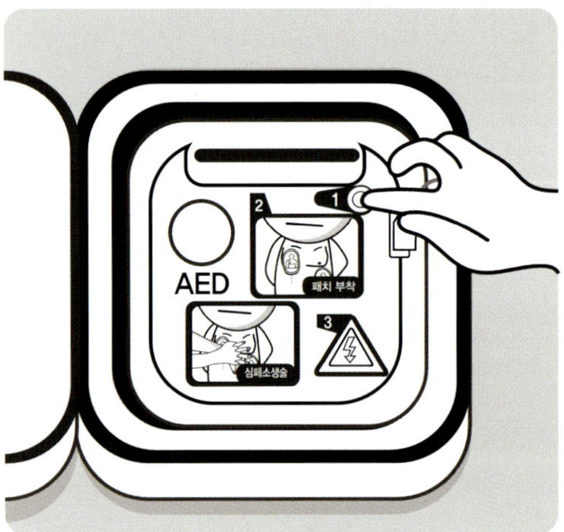

① 전원을 켠다.

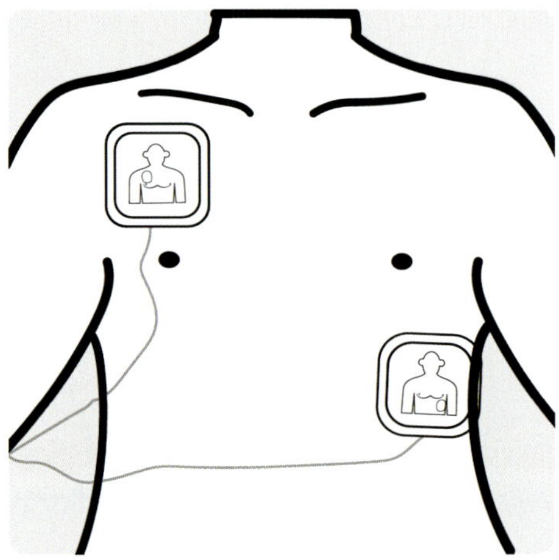

② 두 개의 패드를 부착한다.

③ 심장리듬을 분석한다.

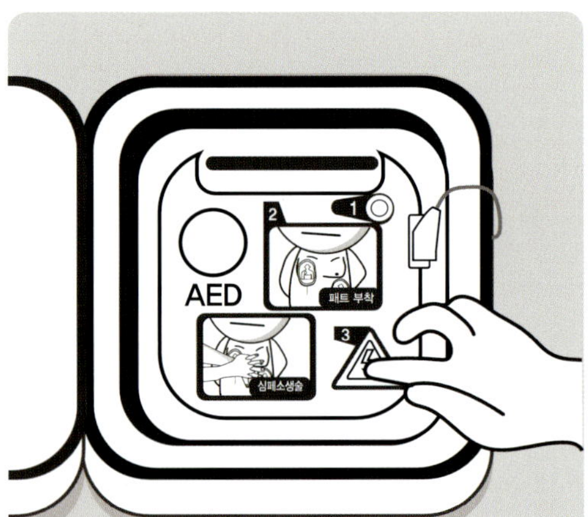

④ 전기충격을 실시한다.

색칠하기

대피시 완강기를 사용해요!!

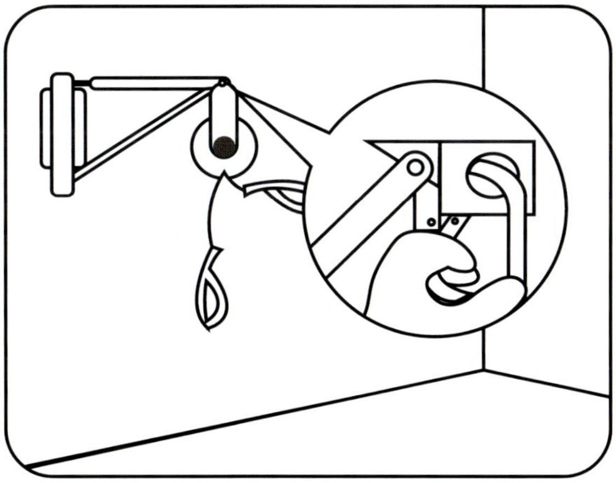

① 지지대 고리에 완강기 고리를 걸고 잠근다.

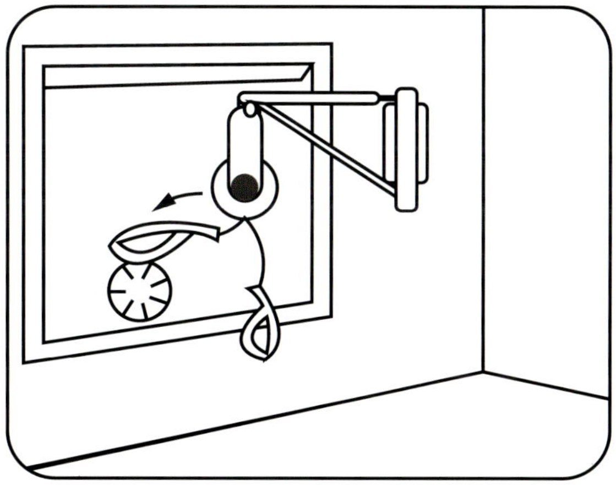

② 지지대를 창 밖으로 밀고 릴(줄)을 창밖으로 던진다.

③ 완강기 벨트를 가슴 높이까지 걸고 조인다.

④ 벽을 짚으며 안전하게 내려간다.

색칠하기

교통 안전수칙을 지켜요!!

① 규정소고 준수로 과속하지 않기

② 음주운전 절대 하지 않기

③ 출발 전 안전띠 매는 습관 들이기

④ 무단횡단하지 않기

참고문헌

- 경찰청. www.police.go.kr/
- 경기도소방재난본부. 119.gg..go.kr/
- 국민재난안전포털. www.safekorea.go.kr/
- 김종욱 (2019). 언론에 비친 재난 · 안전 사고현장과 안전수칙. 청미디어
- 네이버 지식백과. terms.naver.com/
- 노상균 (2014). 생활응급처치학. 현문사
- 대한의학회. www.Kams.or.kr/
- 대한응급의학회. (2011). 응급의학. 군자출판사
- 박상욱 외 (2014). 보건의료임상실습지침서. 에듀팩토리
- 서길준 외 (2012). 응급처치와 심폐소생술. 메디칼크로스
- 소방청. www.nga.go.kr/
- 서혜승 (2019). 안전교육 프로그램이 안전의식과 안전행동에 미치는 영향 – 농어촌 체험지도자 교육 참가자를 중심으로–. 명지대학교 박사학위 논문
- 임상술기교육연구회. (2012) 임상술기. 군자출판사
- 응급의료포털 E–Gen. www.e–gen.or.kr/
- 연세대학교 원주의과대학 응급의학과 (2012). 응급구조와 응급처치. 군자출판사
- 질병관리본부 (2015). 2015년 한국형 심폐소생술 가이드라인
- 조동훈 (2019). 소방학개론. 뉴욕출판
- 질병관리본부 (2018). 보행자 교통사고 예방 수칙
- 통계청. kostat.go.kr/
- 코끼리소방마트. www.fireds.com/
- TS 한국교통안전공단. www. kotsa.or.kr/
- 현대자동차. www.hyundai.com/
- 한국교통연구원. www.koti.re.kr/

| 찾아보기 |

| 생활이 보건이와 함께하는 생활안전 **집필진** |

대표저자	사진	프로필
허방글		1. 현 (사)생활안전보건연합 대표 2. 현 청암대학교 간호학과 겸임교수 3. 현 행정안전부 안전전문인력 4. 현 광산구보건소 안전교육 간호사 5. 경상대학교 간호학 박사 재학

공동저자	사진	프로필
김경완		1. 현 청암대학교 응급구조과 교수 2. 현 (사)생활안전보건연합 법인이사 3. 현 순천시 약사회 총회 의장 4. 전 전라남도 약사회 약회위원장 5. 조선대학교 약학 박사
김황림		1. 현 완도해양경찰구조대 근무/구조 C팀장 2. 현 (사)생활안전보건연합 수상안전이사 3. 현 대한적십자사 수상안전법 강사 4. 전 전남대학교병원 권역응급의료센터 근무 5. 호남대학교 응급구조학 석사
박상욱		1. 현 전남대학교병원 권역응급의료센터 근무 2. 현 청암대학교 응급구조과 겸임교수 3. 현 (사)생활안전보건연합 이사 / 교육위원장 4. 대한심폐소생협회 BLS, KALS, ACLS Instructor 5. 전남대학교 보건학 박사
박홍철		1. 현 홍익상사 대표 2. 현 (사)생활안전보건연합 교육팀장 3. 현 대한응급구조사협회 광주광주·전남지회 부지회장 4. 대한심폐소생협회 BLS, KALS Instructor 5. 전 성가롤로병원 권역응급의료센터 근무
손주봉		1. 현 성가롤로병원 권역응급의료센터 근무 2. 현 (사) 생활안전보건연합 교육팀장 3. 현 대한응급구조사협회 광주·전남지회 이사 4. 대한심폐소생협회 BLS Instructor 5. 공주대학교 응급구조학 석사수료
정은영		1. 현 청암대학교 간호학과 조교수 2. 현 (사)생활안전보건연합 법인이사 3. 현 전라남도 통합건강증진사업지원단 기획 자문위원 4. 현 법무부 법사랑 순천지역 연합회 위원 5. 고려대학교 간호학 박사
최규철		1. 현 화순전남대학교병원 응급의료센터 근무 2. 현 광주보건대학교 응급구조과 겸임교수 3. 현 (사)생활안전보건연합 이사 4. 대한심폐소생협회 BLS, KALS Instructor 5. 전남대학교 보건학 박사
허 솔		1. 현 (사)생활안전보건연합 보건교육 팀장 2. 전 근로복지공단 순천병원 근무 3. 전 가톨릭대학교 성바오로병원 건강증진센터 근무 4. 전 순천성가롤로병원 종합건강진단센터 근무 5. 순천대학교 간호학과 석사 재학

꿈

생각하는
이미지를
선명하게 만들어
가는 것

수고해주신 선생님들~ 감사합니다.

행정안전부 안전교육기관 제 2019-14호

생활안전지도사 2급 과정 모집

생활안전지도사 란?

일상생활에서 발생할 수 있는 여러가지 안전사고에 대한 예방법과 대처방법을 교육하는 전문가를 말하며, **생활안전지도사 2급 자격과정 교육생**을 모집하고자 합니다.

- 교육시간 : 08:30~17:30
- 교육장소 : 청암대학교 산학정보관(변경가능)
- 교육대상 : 안전에 관심 있는 누구나
- 교 육 비 : 10만원(자격증 검정료 : 3만원)
- 접수기간 : 상시
- 접수방법 : 신청서 작성하여 이메일 접수 (sha3345@hanmail.net)
- 전화문의 : 061)723-3345

- 교육과정 소개

시 간		교육과정	비 고
08:40~09:00	20분	등록 및 소개	
09:00~09:40	40분	생활응급처치(외상)	이론
09:40~10:20	40분	붕대, 부목, 소독법	실습
Break time			
10:30~11:00	30분	팀 소생술	이론
11:10~12:00	60분	가슴압박소생술, 심장충격기	실습
Lunch time			
13:00~13:30	30분	생활안전	이론
13:30~14:20	50분	안전 보드게임	실습
Break time			
14:30~15:00	30분	소방 안전	이론
15:00~15:50	50분	소화기 사용법, 완강기 체험	실습
Break time			
16:00~16:40	40분	종합 평가	평가
과정 정리 및 피드백			

LIFE SAFETY AND HEALTH ASSOCIATION
(사)생활안전보건연합

생활안전지도사 자격증 과정(2급)

(술기 평가지)

생활안전보건연합

팀 소생술 술기 평가지

<table>
<tr><td>성명</td><td colspan="2"></td><td>생년월일</td><td></td></tr>
<tr><td rowspan="2">평가방법</td><td colspan="4">모두 항목에 “바르게 수행”체크하면 합격</td></tr>
<tr><td colspan="4">3개 항목 이상 “미흡하게 수행”체크하면 불합격</td></tr>
<tr><td>단계</td><td colspan="2">수행 술기</td><td>바르게 수행
(✓)</td><td>미흡하게 수행
(✓)</td></tr>
<tr><td>1</td><td colspan="2">환자의 어깨를 두드리며 반응을 확인한다.</td><td></td><td></td></tr>
<tr><td>2</td><td colspan="2">119신고/ 자동심장충격기을 요청한다.</td><td></td><td></td></tr>
<tr><td>3</td><td colspan="2">무호흡 또는 비정상적인 호흡을 확인한다.</td><td></td><td></td></tr>
<tr><td>4</td><td colspan="2">가슴압박을 30회 실시한다. (위치, 깊이, 속도 확인)</td><td></td><td></td></tr>
<tr><td>5</td><td colspan="2">가슴압박소생술만 지속한다.</td><td></td><td></td></tr>
<tr><td colspan="5">심폐소생술 도중 두번째 구조자가 자동심장충격기를 가지고 도착한다.
두 번째 구조자에게 가슴압박만 요청한다.</td></tr>
<tr><td>6</td><td colspan="2">심장충격기의 전원을 켠다.</td><td></td><td></td></tr>
<tr><td>7</td><td colspan="2">두 개의 패드를 정확한 위치에 부착한다.</td><td></td><td></td></tr>
<tr><td>8</td><td colspan="2">심장리듬 분석을 위해 손을 떼도록 지시한다.</td><td></td><td></td></tr>
<tr><td>9</td><td colspan="2">전기 충격을 실시한다.</td><td></td><td></td></tr>
<tr><td>10</td><td colspan="2">즉시 가슴압박을 시작한다.</td><td></td><td></td></tr>
<tr><td rowspan="2">점수</td><td colspan="2" rowspan="2"></td><td>합격</td><td>불합격</td></tr>
<tr><td colspan="2">(강사서명)</td></tr>
</table>

생활안전보건연합

소방화재 술기 평가지

성명		생년월일	
평가방법	모두 항목에 "바르게 수행"체크하면 합격		
	3개 항목 이상 "미흡하게 수행"체크하면 불합격		

단계	수행 술기	바르게 수행 (✓)	미흡하게 수행 (✓)
1	불이야를 외치고 119에 신고한다.		
소화기 사용			
2	안전핀을 뽑는다.		
3	노즐을 잡고 불쪽으로 향한다.		
4	손잡이를 움켜쥔다.		
5	비로 쓸 듯이 뿌린다.(바람은 등지고)		
완강기 사용			
6	안전모를 착용한다.		
7	완강기를 올바르게 사용한다.		
방독면 등			
8	방독면을 착용한다.		
9	공기호흡기를 착용한다.		
10	화재용 마스크를 착용한다.		
점수		합격	불합격
		(강사서명)	

생활안전보건연합

생활이 프렌즈와 함께하는

생활안전

초판 1쇄 인쇄 2020년 4월 20일
초판 1쇄 발행 2020년 4월 25일

저 자 허방글 외 공저
펴낸이 임순재
펴낸곳 **(주)한올출판사**
등 록 제11-403호
주 소 서울시 마포구 모래내로 83(한올빌딩 3층)
전 화 (02) 376-4298(대표)
팩 스 (02) 302-8073
홈페이지 www.hanol.co.kr
e-메일 hanol@hanol.co.kr
ISBN **979-11-5685-884-3**